ÂF454009

UNE FERME DANS LE VAL DE LA LOIRE

AU PAYS BLÉSOIS

PROJET D'EXPLOITATION RURALE

PRÉSENTÉ EN 1894

A

MM. LES DÉLÉGUÉS DE LA SOCIÉTÉ DES AGRICULTEURS DE FRANCE

PAR

Raymond FOURRIER

Élève à l'Institut Agricole de Beauvais

BLOIS

TYPOGRAPHIE ET LITHOGRAPHIE C. MIGAULT ET Cie

14, rue Pierre-de-Blois, 14

—

1894

Vous louez, pour 18 ans, la ferme de la Fabrique, dans la vallée de la Loire, à 6 kilomètres de Blois.

Cette ferme sert d'annexe à une entreprise de transports, par chevaux et voitures, ayant son siège à Blois.

Les terres, légères et profondes, sont formées d'alluvions modernes, enrichies plusieurs fois par les débordements de la Loire. Elles comprennent :

Terres labourables	84 hectares.
Prairies naturelles	30 —
Hors sole (culture potagère et porte-graines)	6 —
Total............	120 hectares.

Les bâtiments sont assez grands et en bon état.

Les débouchés sont nombreux, les routes suffisantes et bien entretenues. La main-d'œuvre est de prix moyen. Le prix de location est d'environ 80 francs.

Dans ces conditions, quelles spéculations entreprendrez-vous ; et quel profit pouvez-vous espérer ?

PREMIÈRE PARTIE

CHAPITRE PREMIER

I. — LE VAL DE LA LOIRE

Le pays formé par le Val et les deux coteaux de la Loire est un des plus beaux pays de France. Tel était du moins l'avis d'un grand nombre de nos anciens rois et les magnifiques châteaux construits par eux, sur les bords du fleuve, indiquent assez le plaisir qu'ils avaient à résider dans cette contrée.

Sans doute, on n'y trouve pas le pittoresque mouvementé des Alpes et des Pyrénées si fort à la mode de nos jours ; mais la beauté tranquille et grandiose des paysages de la vallée de la Loire a fait, de tous temps, les délices de certaines natures, et des plus délicates. Captivées par le spectacle admirable qu'elle offre aux regards, elles ne pouvaient sans émotion quitter cette contrée vraiment privilégiée.

Rien n'exprime mieux cette pensée que les poétiques

regrets de Charles d'Orléans, prisonnier en Angleterre, pleurant son « *beau fleuve de Loire* ».

Et si le château de Chaumont n'avait pas été un lieu d'exil pour Mme de Staël, peut-être n'eût-elle pas regretté avec autant d'amertume et, il faut le dire, avec autant d'esprit, « *son petit ruisseau de la rue du Bac* »…..

« La Loire, dit M. Joanne, est fort large dans le département de Loir-et-Cher, et quand les eaux sont hautes, c'est un très grand fleuve ; aux eaux basses, son aspect change ; elle se transforme alors en un vaste champ de sable où coulent côte à côte de gros ruisseaux sans profondeur ; un chenal que la main de l'homme maintient plus large et plus profond que les autres écoule la masse principale des eaux et garde seul les proportions d'une rivière moyenne. »

Autrefois les débordements de la Loire étaient fort désastreux, puisque les eaux du fleuve, sortant de leur lit, allaient s'unir à celles d'une petite rivière qui coule dans la vallée et appelée *le Cosson*, en dévastant tout sur une surface large d'environ deux kilomètres.

Mais aujourd'hui ils sont moins terribles, car, les anciennes levées ont été réparées, de nouvelles ont été construites et des déversoirs ont été pratiqués à propos, pour permettre aux eaux de s'étendre dans la vallée d'une manière calme et régulière, ce qui n'arrive d'ailleurs que très rarement et seulement au moment des crues extraordinaires. Par suite, les ravages sont d'autant moins à redouter que souvent une assez grande quantité de matiéres fertilisantes est déposée sur le sol inondé.

Grâce à ces submersions, des vignes ont été protégées contre le phylloxéra, et beaucoup de prairies ont donné des récoltes plus abondantes.

Les deux collines qui bordent la vallée de la Loire sont à peu prés parallèles et éloignées l'une de l'autre d'environ deux kilomètres. Le fleuve coule dans la vallée en décrivant des courbes assez allongées dont les sommets viennent affleurer tantôt l'une tantôt l'autre des deux collines.

Celle de la rive droite est couverte, pour la plus grande partie, par des vignes qui donnent souvent un vin d'excellente qualité. Les coteaux exposés au Nord sont plus boisés. C'est ainsi que la belle forêt de Russy couronne la colline Sud sur une longueur de six kilomètres et vient finir en face de celle de Blois qui, elle, domine le coteau Nord. Ces deux forêts servent de cadre au magnifique tableau que tous les touristes connaissent et qu'ils viennent contempler de la terrasse du château de Blois ou de celle de l'Évêché.

Chaque rive présente en effet une succession fort agréable de châteaux et de villas ayant vue sur le fleuve et entourés de parcs très pittoresques. Des villages coquets et florissants, des vignes bien entretenues ajoutent agréablement à cet ensemble.

Dans ce cadre grandiose, la Loire coule majestueusement, bordée d'immenses prairies et de files de peupliers s'étendant à perte de vue. Çà et là, des îles

de verdure se détachent sur le fond du fleuve qui s'é-
largit en ces endroits et rehaussent encore la beauté de
ce paysage, « *fait à souhait pour le plaisir des yeux* ».

C'est dans cette vallée, à cinq kilomètres en aval de
Blois, près de la commune de Chailles, que se trouve
la ferme de la *Fabrique*. Les terres sont assises entre
la Loire et le Cosson et limitées au sud par cette petite
rivière.

Il importe donc de parler quelque peu de la composition de ce terrain, de sa situation, de son climat pour
expliquer les spéculations que nous voulons y entreprendre.

C'est ce que nous allons faire brièvement.

II. — FORMATION GÉOLOGIQUE

Le terrain de la vallée de la Loire, particulièrement
à l'endroit qui nous occupe, repose, ainsi que le représente la figure ci-contre, sur une base calcaire
recouverte par une couche argileuse mêlée d'une
certaine quantité de sable siliceux. Cette couche vient
affleurer à quelques endroits qui, par suite, sont
toujours très humides. Ils produisent ordinairement du
foin de qualité inférieure employé à l'emballage.
Quelques parties sont plus particulièrement employées
à la plantation d'osiers et de peupliers.

Au-dessus de cette couche argileuse qui constituait

Calcaire
Le Cosson
La Fabrique
Alluvions sablo-limoneuses
Couche argilo-sableuse
Calcaire
Levée
Lit actuel de la Loire
Levée
Pignon
Calcaire
Calcaire
Argile

le fond de l'ancien lit du fleuve, se sont répandues les alluvions modernes qui occupent tout le bord de la vallée. Elles sont essentiellement siliceuses, parfois caillouteuses, mais le plus ordinairement sableuses et presque toujours recouvertes d'une couche de limon argilo-sableux ou de limon pur qui donne au Val sa grande fertilité.

La partie argilo-sableuse, contenant moins de limon, porte des prairies, et la partie la plus limoneuse est consacrée aux cultures.

« On entend ordinairement par limon un mélange intime de sable fin, d'argile et de carbonate de chaux pulvérulent que la plupart des eaux courantes tiennent en suspension et qu'elles déposent dans les lieux où leur vitesse est suffisamment ralentie. Accidentellement le limon contient en outre du carbonate de magnésie, de l'oxyde de fer et, presque toujours, quelques centièmes de matières organiques. Généralement un terrain limoneux est doué d'une grande fertilité due à son heureuse constitution physique et aussi à la variété minéralogique de ses éléments. On doit le considérer en effet comme une collection pulvérulente de toutes les roches composées du bassin supérieur de la rivière qui a donné lieu à son dépôt. Il contient en outre le produit du lavage des terres végétales et, par suite, les particules les plus fines de leur terreau. » (*Scipion Gras*.) Il résulte de cette composition que le sol de la vallée, tout en étant profond, est très facile à travailler. Il a cependant une certaine fraîcheur, ce qui, ordinairement, fait défaut aux terrains légers, si fréquents dans le département du Loir-et-Cher.

Pour éviter le trop d'humidité, qui parfois existe en automne et en hiver, on y fait un certain nombre de cultures en billons ou en planches.

C'est de la vallée de la Loire que l'éminent *Amédée Boitel* parle en ces termes :

« D'Orléans à Nantes, la vallée de la Loire offre
« l'image d'une petite culture très active et très avan-
« tageuse, dont les produits de toute nature, céréales,
« chanvres, racines et autres cultures dérobées, valent
« plus que le foin qu'on retirerait des prés naturels.
« La richesse incomparable de cette vallée est due à un
« sol naturellement frais, léger, fertile et très facile à
« travailler. C'est là que des parcelles se vendent sur
« le pied de 10.000 francs l'hectare, et qu'elles sont
« louées aux taux de 250 à 300 francs. »

Ces parties sont généralement situées à proximité des villes et employées à la culture maraîchère qui se fait sur une vaste échelle dans cette région.

Pour avoir une idée plus complète de ce terrain, citons encore ce passage de la *Géologie Agronomique* de M. *Scipion Gras* :

« Le sol limoneux, considéré en général, conserve
« bien les engrais et devient facilement riche en humus.
« Comme le sable qu'il renferme, il absorbe en notable
« proportion les gaz fertilisants de l'atmosphère. Il n'a
« pas besoin d'amendements minéraux ; on remarque,
« en effet, que le plâtre, la chaux, la marne sont sans

« action sensible sur lui ; ce qui tient sans doute à ce
« que le carbonate de chaux assimilable se trouve dans
« son sein en quantité suffisante. Il convient à toutes
« les cultures, surtout à celles qui sont épuisantes et
« que l'on pourrait placer avec le même succès dans un
« autre terrain. » (1).

Les plantes et les animaux se ressentent de cette fertilité. Les plantes et les arbres, notamment les arbres à
fruits, croissent avec une vigueur qu'on ne saurait trouver dans beaucoup d'autres endroits. Toutes les races
d'animaux domestiques prospèrent très bien sur ce
terrain qui leur fournit amplement les éléments dont
ils ont besoin. Presque toutes les races de bestiaux y
sont représentées ; et, nulle part ailleurs, on ne pourrait
entretenir aussi bien une telle variété d'animaux.

Les coteaux, en face de la ferme, sont formés par
la *craie noduleuse* qui offre à sa partie supérieure
une assise puissante de craie blanche et dure, épaisse
d'environ 20 à 25 mètres. La partie inférieure de cet
étage est représentée par des bancs d'une craie plus
compacte, noduleuse, sans silex et fréquemment piquée
de glauconie ; on l'appelle : *Craie de Villedieu ;* elle est
très riche en fossiles. C'est au-dessous de cette assise
que se trouve la *craie tuffeau,* si exploitée aux points
où elle affleure et qui a servi à construire Blois, Tours,
Chambord et la plupart des châteaux des bords de la

---

(1) On trouvera plus loin quelques analyses donnant la composition de ces terrains.

Loire. Rarement on trouve de la marne dans l'assise de craie noduleuse.

L'*Argile à silex* recouvre en partie la craie noduleuse : elle a une épaisseur très variable qui, parfois, peut dépasser 30 mètres, et se compose de silex de la craie non roulés et empâtés dans une argile blanchâtre quelquefois mêlée de rouge et parsemée de grains de quartz. Aux endroits où elle affleure, elle est ordinairement couverte de bois. C'est ainsi que les forêts de Blois et de Russy qui viennent finir sur chaque coteau, à la hauteur de la Fabrique, végètent sur l'argile à silex, la première en totalité, la seconde en partie.

Le calcaire inférieur de la Beauce domine par places sur les plateaux qui viennent affleurer jusqu'au bord de la colline. Il se distingue par sa couleur blanche, très légèrement jaunâtre, et par la fréquence de l'élément siliceux. Il présente souvent à sa partie supérieure des marnes blanchâtres avec rognons d'opale. La partie inférieure donne des calcaires solides, exploités comme pierres de taille ou pour la fabrication de la chaux. Nous aurons donc, soit par la marne, soit par ce calcaire, la faculté de donner la chaux à nos terres lorsqu'elles en auront besoin.

Ce sont là, à peu près, les seules roches intéressant notre travail. Aussi ne dirons-nous rien du *calcaire supérieur de la Beauce*, des *sables et marnes de l'Orléanais*, des *argiles et sables de la Sologne*, des *faluns de Touraine*, du *dépôt des Terrasses*, des *alluvions anciennes* et des *dépôts meubles*, roches qui se rencontrent dans la contrée, mais qu'il suffira de citer pour compléter ce rapide aperçu minéral.

III. — HYDROGRAPHIE

Dans ce qui précède, nous avons vu que la ferme se trouvait dans des conditions telles qu'elle ne peut jamais manquer d'eau ; au contraire, elle a plutôt à en redouter la trop grande abondance. En effet, la Loire se trouve à un kilomètre de la ferme ; le Cosson qui vient de la Sologne, passe à proximité des bâtiments et peut servir à abreuver les bestiaux quand la mare, située près de ces bâtiments, se trouve à sec. Nous n'avons jamais entendu dire qu'il ait été sans eau, même pendant les plus grandes sécheresses.

Cette rivière pourra peut-être nous servir à établir un moteur hydraulique et, si un jour nous avions à établir une machine à vapeur, nous n'aurions pas à craindre dans la chaudière le dépôt de sels de chaux, car ses eaux, comme celles de la Loire, n'en contiennent qu'une très petite quantité.

Il en est de même des eaux en réserve dans les couches sableuses du Val. Il faut, pour utiliser celles-ci, creuser des puits, peu profonds il est vrai, mais à parois maçonnées dans toute leur hauteur.

Quant aux débordements, ceux de la Loire sont peu

à redouter car une levée a été construite en travers de la vallée, à deux kilomètres en amont de la ferme.

Ceux du Cosson qui ont lieu en même temps que les crues de la Loire, mais plus régulièrement, sont plutôt un bienfait, car tous les ans les prairies qui bordent cette rivière sont irriguées en hiver sans qu'il y ait aucun travail à faire.

IV. — CLIMAT

Le climat de la vallée de la Loire est généralement doux et tempéré. La température moyenne de Blois est de 11 degrés à 11 degrés 1/2. On compte en moyenne par année : 51 jours très beaux, 113 couverts, 201 nuageux, 27 journées de brouillard, 12 de neige et 50 à 60 de gelée.

La hauteur d'eau tombant chaque année est de 646 millimètres.

La ferme, encaissée dans la vallée, est abritée contre les vents du nord et du midi qui, en partie, passent par-dessus : les terres sont encore protégées contre l'aquilon par l'épais rideau de peupliers qui borde la Loire et la proximité du coteau de la rive gauche empêche les vents du sud d'arriver jusqu'aux bâtiments. Seuls, les vents d'ouest soufflent avec une certaine violence.

Très souvent, des brouillards couvrent la vallée, surtout le matin et le soir, mais ils sont une protection contre les gelées blanches, assez rares, mais toujours funestes, dans ces terres légères où l'on sème ordinairement de bonne heure.

V. — FLORE

« En dehors d'une végétation réellement adventive où l'on distingue : la *Lampourde à gros fruits*, l'*Elodea du Canada*, la *Stramoine*, la *Vandellie dressée*, etc., le Val de la Loire présente une riche flore qui lui est en partie propre. Sur les sables du fleuve on trouve : l'*Eragrostide poilue*, *Héléochloa faux Vulpin*, *Scirpe de Micheli*, *Laiche de la Loire*, *Laiche de Schreber*, *Prêle d'hiver ou des ébénistes,* etc. Puis dans les cultures du Val, je puis citer comme plantes particulièrement intéressantes : la *Valerianelle couronnée*, le *Silène à calice conique*, l'*Ornithope sans bractée* et l'*O. comprimé* et surtout le *Gagea à pétales étroits ;* dans les prairies grasses le *Peucedan à feuilles de Carvi* abonde partout, la *Frilillaire Pintade* est également très répandue sur quelques points favorisés, notamment dans les prés de Briou ; dans deux localités on trouve le *Muscari botryoïde ;* la *Scutellaire à feuilles hastées* n'est pas rare dans les fossés humides. » (1).

---

(1) Voir pour de plus amples détails la *Flore de Loir-et-Cher*, de M. Franchet, à laquelle j'ai emprunté ce passage.

De même, dans les prairies fraîches on rencontre fréquemment la *Colchique d'autbmne*.

Outre ces plantes caractéristiques, on trouve à peu près toutes celles cultivées dans le centre et le nord de la France, soit dans les cultures proprement dites, soit dans les prairies naturelles ou temporaires.

CHAPITRE II

LA FERME DE LA FABRIQUE

I. BATIMENTS

La ferme de la Fabrique a la forme d'un vaste rectangle dont les quatre côtés sont occupés par des bâtiments : Au *Nord*, la maison d'habitation ; à l'*Est*, l'écurie et la vacherie ; à l'*Ouest*, le poulailler, les manutentions et la porcherie ; au *Sud*, de chaque côté de la porte, les granges et les hangars. Au centre, se trouve la fosse à fumier. La bergerie, une grange, un hangar et un autre bâtiment pour les élèves se trouvent séparés, mais à peu de distance.

Tous sont en bon état, quoique d'une très grande simplicité. Il faudra seulement refaire la fosse à fumier en y ajoutant une fosse à purin, agrandir la porcherie et construire un hangar supplémentaire.

II. SITUATION

La ferme est située, comme nous l'avons déjà dit, à 6 kilomètres en aval de Blois, gare la plus proche. La commune de *Chailles*, dont dépend la Fabrique, n'est éloignée que de 150 mètres. Une route départementale relie cette bourgade à la ville. Toujours en fort bon état, cette voie de communication présente entre les deux localités une seule pente et encore elle est insignifiante. C'est une courte rampe artificielle qui fait passer sur la levée latérale à la Loire. la route abandonnant la vallée.

III. TERRES

Les terres sont sans enclave et entourent les bâtiments, elles se divisent ainsi :

Terres labourables................... 84 hectares

Prairies naturelles............. 30   —

Hors sole........................ 6   —

Total.........   120 hectares

Les portions de terres les plus limoneuses sont, nous l'avons dit, réservées aux cultures.

Composition. — Nous ne pouvons donner ici qu'une indication approximative de leur composition, par plusieurs analyses des alluvions de la Loire, prises dans des endroits présentant beaucoup d'analogie avec celui où se trouve notre exploitation :

ANALYSE DE CHAPTAL

Sable siliceux...................... 32   %

Sable calcaire...................... 10 à 11 —

Argile.............................. 30 à 32 —

Calcaire en parties ténues.......... 15 à 20 —

Débris végétaux............. ...... 7 à 12 —

Nous devons à l'obligeance de M. Trouard-Riolle, le sympathique et distingué professeur d'agriculture du département de Loir-et-Cher, les analyses suivantes :

Terre du Champ d'Expériences de Saint-Claude-de-Diray

(M. Roussel-Beslin)

SOL

	Cailloux	130	pour 1.000
	Terre fine	870	—
Analyse physique.	Gros sable	714	—
	Sable fin	195.200	—
	Argile colloïdale	87	—
	Calcaire	3.800	—
Analyse chimique.	Carbonate de chaux	3.800	—
	Magnésie	0.450	—
	Alumine et oxyde de fer	28.200	—
	Acide sulfurique	2.050	—
	Acide phosphorique	2.032	—
	Potasse	2.291	—
	Azote	0.051	—

SOUS-SOL

	Cailloux	112	pour 1.000
	Terre fine	888	—
Analyse physique.	Gros sable	672	—
	Sable fin	247.050	—
	Argile colloïdale	80	—
	Calcaire	0.950	—
Analyse chimique.	Carbonate de chaux	0.950	—
	Magnésie	0.200	—
	Alumine et oxyde de fer	31.300	—
	Acide sulfurique	3.810	—
	Acide phosphorique	0.662	—
	Potasse	2.095	—
	Azote	0.105	—

Terre du Champ d'Expériences de Morest-Saint-Claude

(M. Guignard)

SOL

	Cailloux....................	19	pour 1.000
	Gros sable..................	114	—
	Terre fine..................	867	—
Analyse	Argile.....................	382.2	—
physique.	Sable fin..................	599.2	—
	Calcaire...................	6	—
	Humus.....................	7.6	—
	Acide phosphorique........ ...	1.590	—
Analyse	Potasse....................	1.19	—
chimique.	Azote total.................	1.170	—
	Magnésie	0.216	—
	Alumine et oxyde de fer.......	113.125	—

SOUS-SOL

	Cailloux....................	40	pour 1.000
	Gros sable..................	117	—
	Terre fine	843	—
Analyse	Argile.....	727.4	—
physique.	Sable fin..................	260	—
	Calcaire	5.6	—
	Humus.....................	7	—
	Acide phosphorique..........	0.636	—
Analyse	Potasse....................	1.66	—
chimique.	Azote total.................	1.170	—
	Magnésie....................	0.306	—
	Alumine et oxyde de fer	165	—

Terre de la Pépinière de Chouzy

(Département)

SOL

	Terre fine	948	pour 1.000
	Cailloux	5	—
	Gros sable	47	—
Analyse physique.	Argile	410	—
	Sable fin	580	—
	Calcaire	0.4	—
	Humus	9.6	—
Analyse chimique.	Acide phosphorique	0.445	—
	Potasse	1.357	—
	Azote total	960	—
	Magnésie	360	—
	Alumine et oxyde de fer	65.625	—

SOUS-SOL

	Cailloux	3	pour 1.000
	Gros sable	39	—
	Terre fine	958	—
Analyse physique.	Argile	341	—
	Sable fin	654	—
	Calcaire	0	—
	Humus	5	—
Analyse chimique.	Acide phosphorique	0.572	—
	Potasse	0.891	—
	Azote total	0.722	—
	Magnésie	0.580	—
	Alumine et oxyde de fer	144.37	—

Terre (Expériences de M. Aimé Girard)

(*M. Roussel-Beslin, à Saint-Claude*)

SOL

	Cailloux	15	pour 1.000
	Gros sable	156	—
	Terre fine	829	—
	Argile	182	—
Analyse physique.	Sable fin	810	—
	Calcaire	4	—
	Humus	4	—
	Acide phosphorique	0.785	—
Analyse chimique.	Potasse	1.129	—
	Azote total	0.602	—
	Acide sulfurique	Traces	—
	Alumine et oxyde de fer	58.375	—

Terre provenant de la Propriété de Madon

Par Candé (Loir-et-Cher)

SOL

		Cailloux	7	pour 1.000
		Gros sable	30	—
		Terre fine	963	—
Analyse physique.		Argile	102	—
		Sable fin	725	—
		Calcaire	79.6	—
		Humus	3.4	—
Analyse chimique.		Acide phosphorique	1.527	—
		Potasse	2.260	—
		Azote total	1.170	—
		Alumine et oxyde de fer	81.50	—

SOUS-SOL

		Cailloux	10	pour 1.000
		Gros sable	38	—
		Terre fine	952	—
Analyse physique.		Argile	186.2	—
		Sable fin	799.0	—
		Calcaire	12.0	—
		Humus	2.8	—
Analyse chimique.		Acide phosphorique	0.770	—
		Potasse	1.902	—
		Azote total	0.570	—
		Alumine et oxyde de fer	55.625	—

Cette dernière est celle d'une terre voisine de notre exploitation.
Nous pouvons dire cependant que notre sol est plus riche en humus,
qu'il contient un peu plus d'azote et d'acide phosphorique, mais moins
de fer et d'alumine.

Le sol de nos prairies naturelles renferme un peu plus d'argile. Aussi ces terres sont-elles plus fraîches ; elles longent le Cosson qui les irrigue réguliérement tous les ans.

Les 6 hectares hors sole sont analogues aux terres labourables. on verra plus loin leur destination.

IV. MODE DE JOUISSANCE

Le propriétaire ne veut pas exploiter directement son domaine. Il le loue par bail à *ferme*. Etant donné son étendue et sa situation assez éloignée de la ville. c'est le mode de jouissance qui convient le mieux et qui est le plus commun dans cette région.

Nous ferons donc un bail de 18 ans à raison de 80 fr. l'hectare. ce qui fait un loyer annuel de 9.600 francs.

Nous aurons aussi à payer les impôts.

En conservant autant que possible les usages du pays, nous n'accepterons que des clauses qui nous laisseront la plus grande facilité d'user du fonds pour en retirer les plus grands bénéfices tout en maintenant sa fécondité.

C'est ainsi que nous aurons toute latitude de conduire de la paille en ville pour servir de litiére à nos chevaux de transport. et des fourrages pour leur alimentation. D'ailleurs. rien ne sera perdu. puisque nous raménerons à la ferme tout le fumier produit par les chevaux de transport et même des fumiers et des engrais achetés en ville si nous en trouvons à bon compte.

V. ANCIENNES CULTURES

Depuis déjà nombre d'années, la ferme est mise en culture. Sans avoir subi jusqu'ici d'assolement bien régulier, les terres étaient ainsi cultivées :

1ʳᵉ année : *Jachère fumée.* (Quelquefois avec cultures sarclées) ; 2ᵉ année : *Blé ;* 3ᵉ année : *Avoine.*

Après deux ou trois rotations ainsi combinées, le sol était occupé par des prairies temporaires et par des fourrages annuels qui duraient peut-être trop longtemps.

Malgré cela, on peut dire que le sol est resté en bon état et qu'il est encore capable de donner de très bonnes récoltes.

VI. MAIN-D'ŒUVRE

Le prix de la main-d'œuvre, tout en étant plus élevé qu'autrefois, n'a pas encore pris des proportions trop exagérées. Cependant, à certains moments de l'année, notamment à l'époque de la vendange, il est assez difficile de trouver des ouvriers.

Au moment de la moisson, beaucoup vont en Beauce où ils trouvent de l'ouvrage pendant deux ou trois semaines. Mais il n'est pas impossible de s'en procurer ; ils préfèrent encore rester dans leur pays s'ils y trouvent du travail.

En général on paie :

Un charretier. de............ 400 à 500 fr. environ.

Un jeune vacher ou berger. de 200 à 250 fr.   —

Une femme de ménage.......   400 fr.   —

Une fille de ferme de .... 200 à 250 fr.   —

Le prix de la journée varie. pour les hommes. de 1 fr. 50 à 4 francs. suivant le travail de l'ouvrier et l'époque de l'année. Pour les femmes. de 1 fr. à 2 fr. 50.

Les habitants de la vallée de la Loire se ressentent de la fertilité du sol. ils sont tous forts. bien portants, intelligents et travailleurs.

Nous verrons dans la seconde partie comment nous nous arrangerons pour avoir toujours un personnel suffisant.

VII. DÉBOUCHÉS ET COMMUNICATIONS

Les débouchés sont nombreux et les communications sont très faciles pour la plus grande partie du département de Loir-et-Cher et particulièrement dans la situation où se trouve notre exploitation.

La ville de Blois. où la plupart de nos denrées trouveront leur écoulement. n'est éloignée que de six kilomètres.

Nous y avons le siége de l'entreprise de transports par chevaux et voitures, dont la ferme est pour ainsi dire l'annexe. Il nous sera facile d'y joindre un dépôt des produits de la ferme. Tous les jours. des denrées telles que légumes. beurre, œufs. volailles peuvent y être vendues. Le marché a lieu chaque samedi ; la foire se tient le premier samedi de chaque mois. De même, chaque semaine, nous avons deux autres marchés : l'un à Bracieux (16 kilomètres), pour toutes denrées et pour la vente des porcs, l'autre à Contres (20 kilomètres), pour toutes denrées. Mais c'est à Blois principalement que se feront nos opérations.

Le lait se vend 0 fr. 25 le matin, le soir il se vend encore plus cher, car, seuls, les revendeurs en débitent et ils font naturellement payer leurs frais de conservation tout en prélevant un bénéfice. De même les volailles, le beurre, les œufs se vendent à des prix variables, mais toujours d'une façon satisfaisante pour le producteur. Les dindons particulièrement lui assurent des gains sérieux.

Les porcs sont l'objet d'un commerce très actif dans cette région, à cause de la charcuterie réputée de Blois et de Tours.

Les légumes trouvent un écoulement assez productif, puisque des maraîchers viennent de la vallée du Cher (35 kilomètres environ) offrir leurs produits sur le marché de Blois. D'ailleurs on peut encore les vendre, soit à une fabrique de conserves établie à Blois, soit aux marchands, ou les expédier nous-même sur Paris, ce qui peut se faire avec bénéfices.

DEUXIÈME PARTIE

La première partie de ce travail a montré dans quelles conditions se trouvait l'exploitation dont nous aurons la direction. Nous allons maintenant dire comment nous tirerons parti des ressources qu'elle nous offre pour obtenir des bénéfices satisfaisants.

Nous indiquerons d'abord les spéculations que nous avons l'intention d'établir, puis nous dirons un mot du personnel et du matériel employé, ensuite nous exposerons l'assolement choisi, en rapport avec ces spéculations, et nous donnerons quelques détails sur chacune d'elles ; enfin, après avoir examiné le chapitre de la restitution au sol des éléments enlevés par les cultures, nous terminerons en cherchant les résultats financiers que nous pouvons espérer.

CHAPITRE PREMIER

I. — SPÉCULATIONS

Notre principal but, en exploitant cette ferme, est de tirer parti du concours avantageux que nous donne l'entreprise de transports et des débouchés que nous offre la ville pour beaucoup de produits agricoles.

Nous avons dit plus haut qu'il était très facile de vendre à Blois du lait, des légumes, des volailles, des porcs. Nous comptons donc avoir des vaches laitières, élever des porcs et des volailles. Nous aurons ainsi du fumier de vache et du fumier de porc. Puis, au printemps, nous achèterons des moutons que nous garderons en été pour consommer certaines nourritures et avoir un fumier précieux. Nous les vendrons à la vendange, époque à laquelle on en trouve le meilleur prix.

Grâce à la maison que nous avons en ville, il nous sera possible de faire le transport de nos denrées d'une manière assez économique. Ainsi, chaque matin, un homme peut, avec un cheval, emmener le lait en ville, en distribuer une partie de bonne heure et laisser le reste en dépôt avec les légumes et autres denrées qu'il aura apportés. Puis, au lieu de revenir à la ferme, il sera occupé le reste de la journée à faire des transports à la ville où il couchera.

Mais un autre homme et un autre cheval reviendront le soir à la ferme ramenant des eaux grasses pour la nourriture des porcs et les objets dont on pourra avoir besoin à la Fabrique.

De même, chaque fois qu'ils emmèneront des nourritures pour les chevaux de ville, ceux de la ferme feront un travail utile soit en effectuant quelque transport, soit en ramenant du fumier, du charbon, des engrais, etc.

De plus, quand il y aura peu d'ouvrage à la campagne et beaucoup en ville, quelques animaux viendront travailler à Blois, ce qui évitera d'employer des chevaux de louage payés ordinairement 10 francs par jour. Réciproquement, quand les travaux presseront aux champs et qu'au contraire il y en aura peu à faire en ville, les hommes et les bêtes de transport viendront seconder ceux de la ferme et nous éviterons encore de recourir aux hommes et aux chevaux de journée.

Nos employés auront en outre la possibilité de trouver chez nous, pour eux et leurs familles, à meilleur marché qu'ailleurs, certaines denrées telles que haricots, pommes de terre et autres légumes et parfois même des volailles, ce qui pourra rendre très grand service à ces personnes, presque toutes attachées depuis longtemps à notre maison.

De même, si le prix de la viande sur pied n'est pas assez élevé à certains moments de l'année, il nous sera possible de faire abattre une bête grasse, au lieu de la livrer au boucher et de leur vendre la viande sans l'intermédiaire de ce commerçant.

Maîtres et ouvriers ne pourront trouver que de l'avantage à ces procédés, tant au point de vue du bien-être physique, qu'à celui, tout moral, d'un bon accord entre eux.

Les ouvriers ainsi traités porteront plus d'intérêt à la réussite des affaires de leur patron.

Les chevaux profiteront aussi de l'adjonction d'une ferme à l'entreprise dont ils dépendent. Leur nourriture sera préparée avec un soin qu'il n'est pas toujours possible d'avoir en ville, parce que le temps, les ouvriers ou la place font souvent défaut.

C'est ainsi que l'avoine, bien nettoyée, sera aplatie à la ferme et amenée à Blois avec les fourrages nécessaires pour une semaine ou deux tout au plus. Ce qui permettra de n'avoir qu'un grenier peu spacieux et par conséquent d'un loyer plus économique.

Les fumiers seront ramenés chaque semaine ; ils n'embarrasseront point en ville où l'espace est souvent restreint, et seront mélangés à la ferme avec ceux des autres espèces animales, ce qui est une nécessité absolue pour pouvoir fumer convenablement nos terres.

Enfin, les animaux, un peu fatigués du service assez pénible des transports, pourront, pendant quelque temps, venir se reposer à la fabrique où les travaux sont moins durs. Ceux de la ferme iront les remplacer.

Sans doute, ce système d'exploitation exige un personnel assez nombreux ; mais, par suite de l'entreprise de transports, nous sommes toujours obligés d'avoir des employés et des chevaux en quantité suffisante pour effectuer tous les travaux qui peuvent survenir.

En combinant ainsi les deux genres de spéculations, le travail sera plus régulier et les hommes et les chevaux qui pourraient être en excès à certaines époques, pour une exploitation seule. auront toujours une occupation utile, sans que la mesure raisonnable soit dépassée.

II. — PERSONNEL

Nous aurons comme personnel fixe à la ferme :

3 charretiers payés chacun..............	500 fr.
1 homme de cour payé.................	500 «
1 jardinier payé.....................	800 «
1 aide jardinier payé ... .,...	400 «
1 jeune gardien pour les moutons payé..	250 «
La femme du jardinier sera la femme de ménage, elle sera payée..................	400 «
Celle de l'homme de cour sera la vachère et aura..................................	350 «
Celle de l'un des charretiers servira d'aide et aura aussi.	350 «
L'homme qui portera le lait sera payé moitié par la ferme, moitié par l'entreprise de transports ; il recevra en tout 2 fr. 50 par jour, soit pour la part annuelle de la ferme.	450 «

Tout ce personnel sera nourri et logé.

De plus, le jardinier pourra avoir deux ou trois apprentis, mais leur nourriture, leur logement et leur initiation aux travaux de la ferme et de la culture maraîchère devra être compensée par leur travail.

Dans les moments de presse, tels que : le fanage, la moisson, les binages, etc., nous aurons recours d'abord à ceux de nos ouvriers de la ville qui seront libres, ensuite aux hommes et aux femmes de journée.

III. — MATÉRIEL

La légèreté de nos terres nous permet d'avoir un matériel assez simple. Nous aurons deux charrues du pays pour pouvoir labourer en planches et en billons au besoin.

Deux brabants doubles pour nos labours profonds et les travaux du jardin. Une charrue de rechange.

Les scarificateurs, extirpateurs, rouleaux, herses, etc., nécessaires pour donner au sol les façons qu'il réclame.

Un semoir en lignes.

Deux tonneaux à purin.

Une moissonneuse pour récolter les céréales et les prairies artificielles.

Une faucheuse et des râteaux à cheval pour la récolte des prairies naturelles, etc.

Le battage aura lieu à l'entreprise.

Il nous faudra aussi établir un moteur, car il n'en

existe pas à la ferme. Nous choisirons une trépigneuse ou un moteur à pétrole, qui restera notre propriété. Ou bien, nous tâcherons d'obtenir du propriétaire l'établissement d'un moteur hydraulique, dépense pour laquelle nous pourrions lui payer un juste intérêt.

Mais, si nous pouvons trouver un moteur à pétrole mobile convenable, il aura notre préférence, car nous pourrons le faire servir à pomper l'eau de la rivière, afin d'arroser nos cultures maraîchères dans la saison estivale.

CHAPITRE II

ASSOLEMENT

Toutes ces conditions étant établies, nous allons maintenant exposer un assolement que nous croyons devoir convenir aux diverses spéculations que nous voulons entreprendre.

ASSOLEMENT

1re Rotation

1re année....	12 hectares : Cultures sarclées.		
2e —	4 h. avoine.	4 h. avoine.	4 h. blé.
3e —	4 h. luzerne.	4 h. sainfoin.	4 h. trèfle.
4e — .. .	4 h. luzerne.	4 h. sainfoin.	4 h. trèfle.
5e — . ..	4 h. luzerne.	4 h. avoine.	4 h. avoine.
6 —	4 h. luzerne.	2 h. vesce d'hiver, sur demi-fumure. 2 h. pois gris d'hiver, sur demi-fumure.	2 h. pois gris de printemps, sur demi-fumure. 2 h. moha de Hongrie, sur demi-fumure.
7e —	4 h. avoine.	4 h. seigle, dont 1 h. comme fourrage.	1 h. 5 orge. 1 h. 5 sarrasin. 1 h. topinambours, sur fumure.

2ᵉ Rotation

1ʳᵉ année....	12 hectares : Cultures sarclées.		
2ᵉ —	4 h. avoine.	4 h. avoine.	4 h. blé.
3ᵉ —	4 h. graminées.	4 h. trèfle.	4 h. luzerne.
4ᵉ —	4 h. graminées.	4 h. trèfle.	4 h. luzerne.
5ᵉ —	4 h. avoine.	4 h. avoine.	4 h. luzerne.
6ᵉ —	2 h. vesce d'hiver, sur demi-fumure. / 2 h. pois gris d'hiver, sur demi-fumure.	2 h. pois gris de printemps, sur demi-fumure. / 2 h. moha de Hongrie, sur demi-fumure.	4 h. luzerne.
7ᵉ —	4 h. seigle, dont 1 h. comme fourrage.	1 h. 5 orge. / 1 h. 5 sarrasin. / 1 h. topinambours, sur fumure.	4 h. avoine.

On voit que dans cet assolement nous avons fait la plus grande part à la production fourragère, et cela a sa raison d'être puisque nous voulons entretenir des animaux. Sur 84 hectares nous avons seulement :

4 hectares de blé qui ne sont pas consacrés à la nourriture des animaux.

20 hectares produisent de *l'avoine*.

6 hectares du *seigle* et de *l'orge*.

Il reste donc *54 hectares* produisant des *fourrages* ou des *racines*.

Nous appliquerons avant les cultures, sarclées, une fumure de 60,000 kilog. à l'hectare.

Ces cultures nettoieront le sol, chose facile dans ce terrain.

Contrairement à ce qu'on voit quelquefois, nous ne mettons qu'une céréale après les racines et, de cette façon, nous espérons avoir un plus fort rendement pour l'avoine. De plus, la luzerne pourra durer quatre ans sans trop épuiser. Sur la défriche des prairies temporaires, nous sémerons encore de l'avoine qui réussira bien aussi.

Puis, sur les 16 hectares qui ont porté, pendant deux ans, du trèfle, du sainfoin ou des graminées, nous ferons des fourrages annuels que nous pourrons semer sur demi-fumure, si leur nature l'exige, ou seulement après le pâturage des moutons et des dindons dans les chaumes.

A la 7ᵉ année, nous cultiverons du seigle pour les liens, de l'orge, du sarrasin, etc., pour les volailles : enfin nous pourrons planter les topinambours sur une fumure complète, ce qui leur permettra de végéter deux ans.

Si on examine la seconde rotation, on voit qu'à la place occupée par la luzerne nous avons une prairie temporaire formée de graminées ; c'est pour éviter de mettre une légumineuse après trois ans seulement d'intervalle, afin d'entretenir nos terres en bon état de fécondité.

Il faut encore remarquer qu'une grande partie des terres ne sera point occupée en hiver. Pendant cette morte saison elles seront travaillées quand la grande humidité, qui existe souvent, nous le permettra. Nous aurons donc tout le temps de les bien préparer et, de plus, les chevaux pourront aller en ville à ce moment où il y a beaucoup de transports.

DÉTAIL DES PLANTES DE L'ASSOLEMENT

Ire SOLE : CULTURES SARCLÉES

1. *Betteraves fourragères (5 hectares).* — Nous cultiverons cette plante dans le but d'avoir en hiver une assez grande quantité de bonne nourriture pour nos vaches laitières.

Les espèces que nous voulons cultiver sont :

La Géante de Vauriac.

La Jaune Ovoïde des Barres.

Le Globe Jaune.

Nous espérons obtenir, avec ces variétés, un rendement moyen de 50.000 kilog. à l'hectare.

Dans nos terres légéres, on sème ordinairement de bonne heure. Nous suivrons cette habitude, car l'expérience a montré que c'est une condition de bonne réussite.

Du 15 au 31 mars, ces semis seront donc effectués en place, sur un terrain fortement fumé en hiver et qui aura reçu un second travail au printemps. 15 à 20 kilog. de graine suffiront pour un hectare.

Comme soins d'entretien, on donnera les sarclages nécessaires. Le premier binage se fera quand les plantes auront deux feuilles primordiales : 3 à 4 semaines aprés on en donnera un second.

L'éclaircissage sera effectué à la main avec beaucoup de soin, au moment où les betteraves auront trois ou quatre feuilles; on repiquera, à cette époque, de jeunes plants à la place de ceux qui auront manqué. Nous pourrons aussi, pour activer la végétation, employer le nitrate de soude et le superphosphate.

L'arrachage aura lieu quand les feuilles baisseront et jauniront à la complète maturité.

Ces feuilles seront données aux vaches et aux moutons, et celles qui auront été laissées seront enfouies par le labour suivant.

Les betteraves conservées en grange ou en silo seront distribuées en hiver aux animaux, hachées au coupe-racines et mélangées à des menues pailles de blé et d'avoine. Ce mélange sera fait deux jours avant d'être distribué.

2. *Pommes de terre (3 hectares).*— Le sol qui recevra les plants de pommes de terre aura la même préparation que celui destiné aux betteraves. Nous planterons, comme pomme de terre hâtive : la *Saint-Jean ;* comme demi-hâtive : l'*Institut de Beauvais*, et comme tardive : la *Chardon rouge*. De même que pour les betteraves, la plantation sera faite de bonne heure.

Comme façons, nous donnerons un hersage, puis deux sarclages et un fort buttage au mois de juin ; nous aurons soin de faire couper les fleurs, ce qui augmente le rendement.

On les arrachera quand les fanes seront complètement desséchées. on les laissera ressuyer et on les conservera comme les betteraves. Ces pommes de terre seront données cuites aux animaux à l'engrais, aux vaches, moutons, porcs, volailles et serviront concurremment avec les betteraves à passer l'hiver.

Nous espérons arriver à un rendement moyen de 25.000 kilog.

3. *Carottes (2 hectares'.* — Cette plante est cultivée pour nos chevaux et nos vaches laitières. Nous choisissons comme variétés la *carotte blanche à collet vert* et la *carotte des Vosges.* On sèmera au mois d'avril 6 à 8 kilog. de graines en lignes espacées de 0^m30.

Aussitôt que les carottes auront une ou deux feuilles, sans compter les cotylédons, on fera un sarclage. Le premier binage se fera à la fin de mai ou en juin : l'éclaircissage au commencement de juillet. On donnera ensuite un deuxième binage. Nous espérons obtenir par hectare un rendement de 25,000 kilog. de racines et 5,000 kilog. de feuilles.

4. *Topinambours (1 hectare).* — La culture du topinambour est faite à titre d'essai : comme dans ces terrains il vient généralement bien et qu'il s'y conserve l'hiver, pourvu que l'écoulement des eaux soit assuré, il serait intéressant de voir si, cultivé sérieusement, il ne peut donner des produits abondants, soit pour une distillerie, soit pour la nourriture du bétail.

Ce tubercule est plus riche en matières azotées, grasses et sucrées et en phosphates, que ceux de la pomme de terre et de la betterave. En outre, il est moins épuisant et présente l'avantage de n'être attaqué par aucun insecte ni aucune maladie. Il peut donc permettre d'avoir une bonne et abondante nourriture pour le bétail, ou un produit avantageux à transformer en alcool. C'est ce que nous montrera l'expérience.

Le topinambour sera planté en billons larges de 2ᵐ50, sur fumure complète, à la septième sole de la rotation, et il végétera encore pendant la première année. Il nous donnera donc des produits pendant deux ans. Le topinambour commun, à tubercules rougeâtres ou blanc rosé, un peu allongés, de forme irrégulière, à chair de couleur blanc jaunâtre est celui que nous cultiverons. On plantera à la fin de l'hiver 10 hectolitres de tubercules choisis, en lignes espacées de 0ᵐ50 ; sur les lignes ils seront espacés de 0ᵐ30, et enterrés à la bêche à 0ᵐ10 ou 0ᵐ12 de profondeur.

Les façons données avec soin seront un léger hersage quand les pousses apparaîtront à la surface du sol ; pendant le développement de la plante, les binages nécessaires et un fort buttage vers le mois de juillet.

Les tiges seront coupées vers le 15 octobre, alors qu'elles seront inutiles à la végétation, à 0ᵐ20 du sol et pourront servir de nourriture et de litière. L'arrachage aura lieu quand le temps sera favorable du 15 novembre au 1ᵉʳ mars. Nous espérons obtenir en moyenne 25,000 kilog. par année. Il sera facile de nettoyer la terre à la fin de la deuxième année à cause de la légèreté du sol.

5. *Rutabagas, panais, navets, turneps (1 hectare).* — La première sole sera complétée par un hectare de

rutabagas, panais, navets, turneps. Ces racines, plus rustiques que les betteraves, seront un appoint pour la nourriture des animaux en y apportant de la variété.

Les panais, qui viennent bien sur nos terres, seront donnés particuliérement aux vaches dont le lait sera employé à la fabrication du beurre.

Les rutabagas et les navets seront destinés spéciale-ment aux bêtes à engraisser.

Les soins ordinaires, c'est-à-dire des binages et des éclaircissages, seront donnés à ces plantes pendant leur végétation.

Nous pensons obtenir environ 25.000 kilog. de racines sur cet hectare, et si cette culture réussit nous pour-rons l'augmenter dans la suite.

II\u1d49 SOLE

1. *Blé (4 hectares)*. — Aussitôt aprés l'enlévement des cultures sarclées. qui a lieu d'assez bonne heure, les 4 hectares qui doivent porter du blé recevront un labour en planches pour enterrer les débris des plantes précédentes. Un peu de phosphate de chaux sera semé également à cette époque. Ce labour et un hersage suffiront pour ameublir le sol. Puis à la fin de sep-tembre ou au commencement d'octobre, le blé, préala-blement sulfaté et chaulé, sera mis en terre à l'aide du semoir. en lignes espacées de 0^{m}20, ce qui permettra le passage de la houe à cheval avant l'ensemencement du

tréfle au printemps. 150 à 180 litres de bonnes graines seront semées par hectare ; elles seront aussitôt recouvertes par une herse qui suivra le semoir. Au printemps auront lieu, concurremment avec l'application de nitrate de soude et de superphosphate et l'ensemencement du tréfle, un léger hersage et un roulage énergique. Le rouleau passera même deux fois si l'état de notre sol léger le réclame, et cela afin de rechausser les blés et de favoriser le tallement.

Le blé sera récolté à la moissonneuse.

Nous cultiverons en mélange des blés anglais, trés bien acclimatés dans le pays, notamment les variétés donnant beaucoup de paille, tels que *le Nursery, le Prince Albert, le Victoria d'Automne*. Grâce à l'emploi des phosphates de chaux, nous espérons éviter la verse et obtenir un rendement moyen de 25 à 30 hectolitres.

Une partie du grain servira à l'alimentation des habitants de la ferme et le reste sera vendu.

La paille servira de nourriture et de litiére aux animaux.

2. *Avoine. (20 hectares)* (en comprenant celle cultivée à la 5e et à la 7e sole). L'avoine est la céréale qui nous intéresse le plus, étant donné le nombre de chevaux que nous avons à nourrir.

Nous ne sémerons que très peu et accidentellement de l'avoine d'hiver, nous préférons cultiver les avoines de printemps.

En mettant cette céréale immédiatement aprés les cultures sarclées, nous espérons avoir un plus fort rendement et, de plus, il restera une plus grande quantité d'engrais pour les cultures suivantes :

Nous sèmerons d'aussi bonne heure que possible, au semoir, en lignes à 0^m20 d'écartement et à raison de 200 à 250 litres à l'hectare de bonne semence bien préparée. Puis, quand l'avoine aura plusieurs feuilles et qu'elle aura été hersée, nous sèmerons en lignes, au milieu de celles d'avoine et aussi à 0^m20 d'écartement, la luzerne qui pourra ainsi très bien végéter. Un bon roulage suffira pour enterrer cette graine.

Nous donnerons à l'avoine les mêmes soins qu'au froment. On la coupera un peu avant complète maturité, on la laissera en javelles, et, aussitôt sèche, elle sera rentrée.

Nous cultiverons l'avoine *noire de Brie* et l'avoine *blanche de Groningue* et nous espérons obtenir un rendement de 50 hectolitres à l'hectare.

Le grain sera employé à la nourriture des chevaux ; la paille servira de nourriture et de litière. L'avoine tombée dans le champ sera récoltée par les dindons qui, menés dans ces chaumes, l'emploieront très utilement à leur alimentation.

(On trouvera peut-être le rendement un peu exagéré et probablement ne l'atteindrons-nous pas les premières années, mais nous comptons bien y arriver dans la suite).

IIIᵉ, IVᵉ, Vᵉ, VIᵉ SOLES. — PRAIRIES TEMPORAIRES

1. *Luzerne (3ᵉ, 4ᵉ, 5ᵉ, 6ᵉ soles, 16 hectares)*. — Cette légumineuse est cultivée particuliérement pour la nourriture des vaches laitiéres. Comme nous l'avons vu, elle sera semée dans l'avoine, en lignes alternant avec celles de cette céréale ; de cette façon, nous aurons toute facilité pour ne pas laisser les mauvaises herbes se multiplier aux dépens de la luzerne.

Nous espérons obtenir un rendement moyen de 7,000 kilog. de fourrage sec.

2. *Sainfoin (3ᵉ et 4ᵉ soles, 8 hectares)*. — Au point de vue de la nourriture de notre bétail, le sainfoin est une plante ayant une grande valeur nutritive. Toutes les espéces animales et notamment les chevaux le mangent trés bien.

Semé en lignes, dans l'avoine, il durera deux ans. Aprés l'hiver, nous lui appliquerons du plâtre ; nous aurons soin aussi de ne pas le laisser envahir par les mauvaises herbes et d'aérer le sol. Les deux coupes annuelles nous donnerons environ 5,000 kilog. de fourrage sec.

3. *Trèfle violet (3ᵉ et 4ᵉ soles, 8 hectares)*. — Cette plante sera semée au printemps dans les blés d'automne, ce qui ne se fait pas habituellement. Mais, comme les lignes ont 0ᵐ20 d'écartement, on pourra parfaitement

intercaler entre elles une ligne de trèfle. La grande légèreté des terres, avec des chevaux tranquilles et un semoir à becs étroits, permet d'effectuer ce travail sans déchausser le blé. Un léger hersage sera donné sur le tout, puis un roulage énergique. Au printemps de l'année suivant le semis, nous donnerons un hersage léger en semant quelques graines dans les endroits dégarnis, puis nous épandrons du plâtre pour favoriser la végétation. Nous pouvons compter sur un rendement de 5.000 kilog. de fourrage sec.

VIe SOLE. — FOURRAGES ANNUELS

1. *Vesce d'hiver (2 hectares)*. — Immédiatement après la récolte de l'avoine, les dindons et les moutons iront pâturer dans les chaumes.

Après ce pâturage, on mettra une demi-fumure qui sera enfouie par un léger labour, et, dans la dernière quinzaine de septembre, on sèmera la vesce d'hiver avec un peu d'escourgeon pour lui servir de soutien. Nous pourrons semer la moitié en vesce velue, qui a réussi sur les alluvions de la Loire. Le terrain sera préparé en planches de 5 mètres de largeur environ, et 250 à 300 litres de graines seront répandues par hectare. Nous pouvons compter sur un rendement de 5,000 kilog. de fourrage sec par hectare.

2. *Pois gris d'hiver (2 hectares)*. — De la même façon seront cultivés deux hectares de pois gris d'hiver, alliés à l'escourgeon. Nous espérons obtenir aussi 5.000 à 6.000 kilog. de fourrage sec.

3. *Pois gris de printemps (2 hectares)*. — Au mois d'avril, et plusieurs fois à quinze jours d'intervalle, nous sémerons des pois gris de printemps mélangés d'un peu de seigle. Au mois d'août, à différentes reprises, nous ferons la récolte de ce fourrage qui nous donnera environ 5.000 à 6.000 kilog. de nourriture sèche.

4. *Moha de Hongrie (2 hectares)*. — Nous ajouterons un peu de chaux au sol, sous forme de phosphate de chaux, pour faire cette culture. Le terrain sera préparé comme pour les cultures précédentes. Les graines seront sulfatées et chaulées, puis semées à raison de 15 à 20 kilog. à l'hectare dans le courant de mai, et nous récolterons une valeur d'environ 5.000 kilog. de fourrage sec aux mois d'août et de septembre. Cette nourriture est destinée aux vaches laitières.

VIIe SOLE

Orge (1 hectare et demi). — L'orge sera cultivée de la même façon que l'avoine et après la même préparation du sol. On sémera en lignes à raison de 250 litres à l'hectare. C'est sur l'orge *Chevalier* que s'est fixé notre

choix ; elle pourra nous donner un rendement de 30 hectolitres de grain.

Sarrazin (1 hectare et demi). — Nous sèmerons aussi
en mai 1 hectare et demi de sarrazin commun dont la
graine, comme celle de l'orge, sera très utile pour l'alimentation de notre bétail. Il suffira de 80 litres de
semence à l'hectare et nous pourrons récolter environ
30 hectolitres de grain. La paille servira de litière.

Seigle (4 hectares). — Enfin nous sèmerons aussi
4 hectares de seigle, dont 1 hectare pourra être coupé
comme fourrage, si nous le jugeons à propos. Il se
trouvera dans les mêmes conditions et recevra les
mêmes soins de culture que le blé. Le grain de seigle
est très précieux pour la nourriture du bétail, et souvent même on l'emploie dans notre région pour celle
de l'homme. Nous espérons avec 150 à 180 litres de
semence obtenir 25 hectolitres de grain. La paille servira à la confection des liens.

NOTA. — A la seconde rotation nous remplacerons
la prairie de sainfoin ou de trèfle par une prairie de
graminées, qui durera deux ans également. Elle sera
formée d'un mélange tel que celui-ci :

Fétuque des prés ;
Avoine élevée ;
Dactylé peletonné ;
Paturin des Prés ;
Houlque laineuse ;

Ray-Grass anglais ;

Ray-Grass d'Italie ;

Et un peu de *trèfle hybride*.

La quantité de graine de chaque espéce sera déterminée par des expériences.

Nous pourrons espérer un rendement de 5.000 kilog.
de foin sec.

PRAIRIES NATURELLES

Les prairies naturelles, situées sur les bords de la
rivière, sont dans de bonnes conditions pour fournir
un rendement satisfaisant en foin d'excellente qualité.
Mais, pour les entretenir en bon état, nous employerons
la méthode suivante : Au lieu de faucher tout les ans
le foin produit par les 30 hectares, nous récolterons
seulement le produit de 15 ou 20 hectares et le reste
sera consommé sur place par nos animaux.

Nous veillerons á ce que chaque partie soit pâturée
á son tour, tous les deux ou trois ans.

Si, á un certain moment, nous croyons qu'une plus
grande quantité de foin sec nous soit nécessaire, nous
achéterons sur pied le fourrage de prairies voisines et
nous en ferons la récolte nous-même.

Cette opération se pratique souvent dans le pays, et,
parfois, très avantageusement.

En outre, nous ferons ajouter sur la partie qui devra
être fauchée un supplément aux matiéres fertilisantes,

apportées par la rivière, sous forme de composts, de fumier, notamment de fumier de tourbe, de curage des fossés et de la rivière ou d'engrais liquide, et même des engrais chimiques si nous les jugeons nécessaires.

La herse passera chaque année pour enlever les mousses et écarter les taupinières ; et, pour aérer le sol, nous aurons soin de le travailler par un régénérateur des prairies ou un pulvérisateur à disques verticaux ; nous ferons aussi tous nos efforts pour faire disparaître les colchiques d'automne qui se rencontrent dans nos prairies. Ces plantes sont nuisibles et rendent le lait amer.

Avec tous ces soins, nous pourrons espérer un rendement d'environ 5.000 kilog. de bon foin sec par hectare.

PRODUIT BRUT DE L'EXPLOITATION

Nous avons l'ambition de faire un jour de l'agriculture lucrativement. Or, à notre époque, pour que les bénéfices soient satisfaisants il faut obtenir des quantités de produits s'éloignant peu de celles que nous allons indiquer ci-dessous. Et d'ailleurs, la Providence nous étant favorable, si nous suivons les leçons et les exemples qui nous ont été donnés à l'Institut agricole de Beauvais et à la ferme son annexe, nous devons parvenir à ce résultat surtout dans les conditions économiques où se trouve notre exploitation. Nous allons ici résumer en un tableau les produits que nous voulons obtenir, non pas les premières années mais quand nous aurons acquis une certaine expérience et une bonne pratique agricole.

PRODUIT BRUT DE L'EXPLOITATION

NOM DES RÉCOLTES		RENDEMENT en kilog. à l'hectare		RENDEMENT en hectolitres	POIDS de L'HECTOLITRE en kilog.	NOMBRE D'HECTARES cultivés	RENDEMENT TOTAL en kilog.	ÉQUIVALENT nutritif	VALEUR APPROXIMATIVE en bon foin des plantes destinées à la nourriture du bétail	OBSERVATIONS
		ÉTAT VERT	ÉTAT SEC							
Betteraves	Racines	50.000				5	250.000	300	83.330	Nous ne comptons point ces feuilles qui, pour la plus grande partie, seront enfouies.
	Feuilles	15.000					75.000			
Pommes de terre	Tubercules	25.000				3	75.000	200	37.500	Les fanes de pommes de terre seront brûlées et enfouies dans le sol.
	Feuilles	5.000					15.000			
Topinambours	Tubercules	25.000				2	50.000	200	25.000	Litière et nourriture.
	Tiges et Feuilles	12.500					25.000	325	7.690	
Carottes	Racines	25.000				2	50.000	300	16.660	
	Feuilles	5.000					10.000	500	2.000	
Rutabagas, panais, navets, etc.	Racines	25.000				1	25.000	300	7.140	Comme celles de betteraves, ne sont pas comptées.
	Feuilles	10.000					10.000			Le grain est réservé pour la nourriture de l'homme.
Blé	Grain			25	75	4	7.500			
	Paille		4.700				18.800	300	6.260	
Avoine	Grain			50	50	20	50.000	50	100.000	
	Paille		4.000				80.000	300	26.660	

Luzerne		7.000			16	112.000	90	124.440	
Sainfoin (ou graminées)...........		5.000			8	40.000	95	42.100	
Trèfle violet....................		5.000			8	40.000	95	42.100	
Vesce d'hiver....................		5.000			2	10.000	100	10.000	
Pois gris d'hiver.................		5.000			2	10.000	100	10.000	
Pois gris de printemps...........		5.000			2	10.000	100	10.000	
Moha de Hongrie.................		5.000			2	10.000	100	10.000	
Seigle-Fourrage....................	15.000				1	15.000	400	3.750	
Sarrazin ..... { Grain...........			30	60	1,5 {	2.700	50	5.400	Cette paille est uniquement desti-née à la litière (1).
Sarrazin ..... { Paille		3.500				5.250	500	1.050	
Orge........ { Grain...........			30	65	1,5 {	2.925	50	5.850	
Orge........ { Paille		3.900				5.850	300	1.950	
Seigle........ { Grain			25	70	3 {	5.250	50	10.500	La paille de seigle est destinée à faire des liens.
Seigle........ { Paille		4.500				13.500			Nos prairies donnent du foin de bonne qualité qui peut être considéré comme foin normal.
Prairies naturelles...............		5.000			30	150.000	100	150.000	
Total..............................								739.380	

(1) Voir au chapitre : Comptabilité — Sarrazin (note).

CHAPITRE III

BÉTAIL

En admettant que nous arrivions à ce chiffre de 739.380 kilog. de foin, voyons quelle quantité de bétail nous pourrons entretenir dans notre exploitation.

Tout d'abord nous allons mettre de côté 39.380 kilog., valeur en foin qui représente :

1° Une partie des semences prélevées sur nos récoltes, soit pour :

Pommes de terre.	7.500 kilog.	= en foin	3.750 kilog.
Topinambours ..	2.000	–	—	1.000 —
Avoine	3.000	—	—	6.000 —
Seigle	700	—	—	1.400 —
Sarrasin	90	—	—	180 –
Orge	240	—	—	480 —

12.810 kilog.

2° 39.380 kilog. — 12.810 kilog. = 26.570 kilog. qui constitueront une réserve en cas de besoin.

Puis, des 700.000 kilog. qui restent, nous allons soustraire la litière, en la calculant d'après la méthode de Wolf. Cet agronome la considère, en effet, comme égale aux 3/8 de la matière sèche des denrées et fourrages consommés. Soit donc d'après le tableau ci-dessous :

NOM DES RÉCOLTES	Matières sèches °/₀₀ d'après Crevat	FOURRAGE A CONSOMMER	TOTAL des Matières sèches
Betteraves fourragères..	134^k	250.000^k	33.500^k
Pommes de terre	250	75.000	18.750
Carottes : racines	130	50.000	6.500
— feuilles	178	10.000	1.780
Topinambours : racines.	200	50.000	10.000
— feuilles.	200	25.000	5.000
Rutabagas, panais, etc.	140	25.000	3.500
Blé paille	857	18.800	16.111,6
Avoine : grain..........	857	50.000	42.850
— paille	857	80.000	68.560
Luzerne........	840	112.000	94.080
Trèfle violet....	850	40.000	34 000
Sainfoin	833	40.000	33.320
Vesces	857	10.000	8.570
Pois	833	20.000	16.660
Moha de Hongrie	866	10.000	8.660
Seigle : fourrage........	240	15.000	3.600
— grain..........	857	5.250	4.500
Sarrazin : grain........	860	2.700	2.322
— paille	840	5.250	4.410
Orge : grain	857	2.925	2.506,72
— paille	857	5.850	5.013,45
Prairies naturelles	850	150.000	127.500
TOTAL.....................			551.693^k,77

$$\frac{551.693,77 \times 3}{8} = 206.900 \text{ kilog. environ}$$

Or, en donnant à la litière l'équivalent 300, nous devrons l'exprimer en foin normal par :

$$\frac{100 \times 206.900}{300} = 68.965 \text{ kilog. (1)}$$

---

(1) Cette quantité sera toujours suffisante, car nous employons concurremment avec la paille, la tourbe mousseuse de Hollande, qui nous revient au même prix.

Nous n'avons donc plus qu'à retrancher 68.965 de 700.000 pour avoir la quantité réelle de fourrages et denrées à consommer :

$$700.000 \text{ kilog.} - 68.965 = 631.035 \text{ kilog.}$$

Si on admet, comme l'indique l'expérience, qu'un animal du poids de 450 kilog. mange par jour 1/30 environ de son poids en foin sec, soit : $\dfrac{450}{30} = 15$ kilog. et par an $15 \times 365 = 5.475$.

En divisant 631.039 par 5.475, nous connaîtrons le nombre de têtes théoriques de 450 kilog. que nous pourrons entretenir, c'est-à-dire $\dfrac{631.035}{5.475} = 115$, soit à peu près une tête de bétail par hectare. C'est le but que nous voudrions atteindre. On considère comme bien dirigée une culture qui arrive à ce résultat.

D'ailleurs ce nombreux bétail aura parfaitement sa raison d'être dans notre ferme ; il servira à fumer copieusement nos 115 hectares de terres labourables et de prairies et, en outre, 6 hectares où nous voulons faire une culture très intensive, la culture maraîchère, et 5 hectares de vignes qui doivent être ajoutés à nos spéculations.

Voici comment nous allons distribuer ces 115 têtes théoriques ou $450 \times 115 = 51.750$ kilog. de bétail.

Tout d'abord il faut 6 chevaux pour les travaux de la ferme. Un septième sera pour le service du fermier et pourra aider les autres en cas de besoin.

Si nous nous basons sur la quantité d'avoine disponible, soit : 50.000 kilog. — 3.000 kilog. réservés pour la semence = 47.000 kilog. et en admettant que chaque cheval reçoive en moyenne une ration de 6 kilog. d'avoine aplatie, soit par an : 365 $\times$ 6 = 2.190 kilog., en divisant cette quantité 47.000 kilog. par 2.190, nous constatons que notre récolte pourra très bien suffire à la nourriture de 20 chevaux, dont :

7 à la ferme.

2 qui doivent porter le lait et travailler en ville.

11 dépendant de l'entreprise de transports.

Voici maintenant comment se composera le reste de notre cheptel :

1 taureau pesant environ........... ..		600 kilog.
1 taureau plus jeune...........		400 —
40 vaches laitiéres...... 450 kilog.	18.000 —
10 génisses de 2 à 3 ans. 300 —	3.000 —
10 génisses de 1 à 2 ans. 250 —	2.500 —
Veaux...................	3.000 —
150 moutons de 35 kilog., pendant 6 mois, soit........ $\frac{5.250}{2}$ =	2.625 —
1 verrat...............	225 —
6 truies à.. .... 175 —	1.050 —
Porcs à l'engrais et porcelets (6 têtes)..	2.700 —
Basse-cour (3 têtes)...................	1.350 —
Ce qui, avec les 20 chevaux de 600ᵏ, soit.	12.000 —

donne un poids total.................... 47.450 kilog.

ou $\frac{47.450}{450}$ = 105 têtes de bétail.

Il reste encore une quantité de nourriture suffisante pour 10 têtes de bétail. Elle sera utilisée comme réserve ou servira à préparer nos animaux de concours, et à pratiquer un maquignonnage honnête, c'est-à-dire, refaire les animaux fatigués ou usés pour une vente encore rémunératrice, ou en acheter bon marché pour les revendre ensuite avec sérieux bénéfice et profiter, comme on dit, des bonnes occasions. Si, à certains moments, nous sommes obligé d'augmenter le nombre de nos chevaux, nous pourrons fournir au moins une partie du foin nécessaire à ces bêtes de renfort.

Nous allons maintenant examiner rapidement chacune des espèces animales qui garnissent notre ferme.

ÉCURIE

Chez nous, les chevaux sont considérés comme des outils dont il faut retirer le plus de service possible, tout en les maintenant en bon état et en ne leur demandant que ce qu'ils peuvent raisonnablement donner. Le service des transports est assez pénible et parfois dangereux po..r ces animaux, aussi n'employons nous que des chevaux d'occasion dont le prix ne dépasse ordinairement pas 400 fr. ; pour dire vrai, ils font absolument le même travail que feraient des chevaux de 1.000 fr. et 1.200 fr. ; L'expérience en a été faite pendant une dizaine d'années. Nous continuerons donc ce système. Nous aurons seulement une attelée de deux chevaux un peu choisis pour donner un certain relief à notre écurie ; de même le cheval du maître et ceux qui porteront le lait auront une apparence capable d'inspirer confiance dans le chef d'exploitation ; ils pourront même être l'objet de spéculations. Ces derniers seront choisis parmi les petits percherons, dits « *postiers* » ; l'attelée la plus belle sera formée de percherons plus grands et les autres n'auront pas de race déterminée.

Nous veillerons avec une exactitude particulière à ce que la nourriture leur soit régulièrement distribuée et en quantité raisonnable et que les soins hygiéniques nécessaires ne leur manquent point.

Voici un exemple de ration donnée aux chevaux :

Avoine aplatie................ 5 à 6 kilog.

Carottes...................... 2 à 3 kilog.

Foin de prairie naturelle ou

sainfoin.................... 8 à 10 kilog.

Paille, 12 kilog., dont 7 kilog. 5

seront consommés.......... 7 kilog. 5

L'orge et le son entreront aussi à propos dans l'alimentation des chevaux.

VACHERIE

Nos vaches seront entretenues en vue de la vente du lait à Blois. Néanmoins une partie de ce produit sera transformée en beurre pour la consommation de la maison et celle de quelques clients particuliers. S'il nous en fallait une plus grande quantité nous

pourrions acheter du lait autour de nous et le transformer à la ferme. Nous aurions dans ce cas une
turbine. Le lait, vendu en ville, ne sera stérilisé que
si nous y trouvons de l'avantage.

Nous tenons beaucoup à avoir une vacherie bien
montée en belles bêtes de race normande et pour cela
nous les éléverons nous-même en ayant soin de con-
server seulement celles qui nous paraîtront les plus
convenables. Ce système est préférable, car il ne serait
pas toujours possible de trouver des vaches fraîchement
vêlées à moins de les aller chercher fort loin en ris-
quant d'importer des bêtes qui auraient peine à s'ac-
climater ou qui apporteraient une maladie quelconque
dans nos étables.

Nous tiendrons autant que possible à n'avoir que des
bêtes aptes à donner des produits satisfaisants. Aussi,
mettrons-nous un soin tout particulier à les élever ;
nous serons plus certain alors de leurs qualités. Les
taureaux surtout seront l'objet d'une attention spéciale ;
nous irons parfois les chercher en Normandie pour
éviter la consanguinité. Nous veillerons sérieusement
à la distribution de leurs aliments et des soins de
propreté.

Presque toujours les vaches seront nourries à l'étable ;
elles sortiront au pâturage lors de la belle saison et
pendant une partie de la journée seulement. L'homme
de cour, aidé du petit berger et des charretiers sera
chargé de leur entretien. La vachère et son aide les
surveilleront aux champs et s'occuperont de la traite

qui aura lieu deux fois par jour et sera toujours complète pour éviter toute inflammation et maintenir une bonne lactation. La nourriture des vaches se composera : en hiver. de racines mélangées avec des menues pailles, et de fourrages secs ; en été, de fourrages verts surtout. et d'un peu de fourrages secs.

Le son et les tourteaux entreront aussi dans leur alimentation.

Produits de la Vacherie

1° *Lait*. — Nous n'aurons que des vaches donnant en moyenne 8 litres de lait par jour, soit donc pour 40 vaches une production journalière de 320 litres dont :

160 litres seront vendus directement.

10   —   réservés pour les besoins de la ferme.

150   —   employés à la fabrication du beurre.

Le petit lait sera utilisé pour la nourriture des veaux et des porcs.

Les vaches qui ne pourront plus produire seront mises en état. vendues et remplacées par des génisses.

2° *Veaux*. — Nous comptons obtenir 32 veaux par an

dont :   15 seront gardés

et   17 vendus à 8 ou 10 semaines.

Nous essayerons de régler les vêlages de manière à n'avoir que 8 ou 10 veaux à la fois. 80 litres de petit lait seront distribués chaque jour. avec un peu de farineux et de tourteaux. à ces animaux.

(On verra. à la comptabilité, le prix d'entretien des

différentes catégories de nos bêtes bovines et le bénéfice net fait sur ces diverses spéculations).

BERGERIE

Nous aurons des moutons uniquement pour nettoyer
les chaumes des céréales venant sur défriche et donner
une demi-fumure avant le semis des vesces, pois et
moha de Hongrie. Ils consommeront aussi les nourritures qui n'auraient pas été dépensées pendant l'hiver.
Les moutons convenant moins à nos terres que les
autres espèces animales, nous en aurons seulement
150 pendant six mois.

Si, plus tard, nous pouvions obtenir le parcours sur
les berges de la Loire, nous aurions un troupeau et
nous ferions de l'élevage et, alors, les moutons solo-
gnots et berrichons et les croisements du southdown
avec ces races indigènes auraient notre choix.

Pour commencer nous nous contenterons d'engraisser
des petits moutons pesant de 25 à 30 kilog. à la sortie
de l'hiver pour les revendre à 40 kilog. au moment de
la vendange.

PORCHERIE

La porcherie se composera de bêtes de la race
Craonnaise qui est très bien représentée aux environs
de Blois.

Nous entretiendrons six truies et un verrat ; leurs produits destinés à la reproduction seront sélectionnés avec soin ; les autres seront vendus sur les marchés de Blois et de Bracieux.

Un certain nombre de porcs seront engraissés. Ceux réservés pour la consommation de la ferme, seront obtenus par le croisement des races *Yorkshire* et *Craonnaise* qui donne des animaux bien plus précoces. Si ces métis viennent à être estimés des charcutiers nous leur en livrerons. Dans ce cas une très bonne porcherie de Yorkshire voisine de notre exploitation nous permettrait de faire ce croisement.

Les pommes de terre, le son, les fourrages verts, le petit lait, les eaux grasses seront la nourriture des porcs.

Avec six truies nous pouvons compter obtenir 60 petits qui seront vendus jeunes ou engraissés suivant les cours du marché.

BASSE-COUR

La basse-cour occupera une place importante dans notre exploitation. Nous réserverons à cet effet la nourriture de trois têtes de bétail.

Nous aurons :

Des poules pour la production des œufs.

Des poulets, des dindons et quelques canards pour la vente.

Une espéce de poules améliorée, provenant du croisement de plusieurs races et répandue en Touraine, a déjà fixé notre choix. Cette variété pond très bien et donne des poulets précoces et de bonne qualité.

Les dindons seront ceux de la race commune qui se trouve en Sologne. Ces animaux sont assez rustiques et passent plus facilement le moment du rouge que les autres espèces.

La nourriture sera distribuée 2 fois par jour aux animaux de la basse-cour : elle se composera de sarrazin, de menus grains, de pommes de terre cuites, etc. Après la récolte de l'avoine, les dindons seront menés dans les chaumes, comme nous l'avons dit, pour profiter de la graine tombée.

Nous mettrons à part les animaux destinés à la vente, et nous les nourrirons avec du petit lait, des farines d'orge et de maïs, etc.

Si nous avions une récolte de grain insuffisante nous achèterions sur pied du sarrazin, du seigle ou autres graines nécessaires à l'alimentation d'une basse-cour.

Nous entretiendrons aussi un certain nombre de lapins dont la viande sera une précieuse ressource pour la ferme. Ces animaux seront très utiles pour la consommation des résidus de la culture maraîchère.

CHAPITRE IV

ENGRAIS ET AMENDEMENTS

C'est un principe, incontesté aujourd'hui, qu'il faut rendre à la terre tous les éléments enlevés par les plantes, si on ne veut l'appauvrir. Nous calculerons donc les quantités d'azote et d'acide phosphorique contenues dans les diverses récoltes indiquées plus haut pour les restituer intégralement au sol.

RÉCOLTES	RENDEMENT TOTAL		TENEUR POUR CENT de la Plante en Azote	AZOTE TOTAL ENLEVÉ	OBSERVATIONS
	VERT	SEC			
Betteraves............	250.000		0,25	625 »	Dans ce tableau, nous avons pris pour valeur de l'azote, enlevé au sol par les légumineuses et le sarrazin, le quart de l'azote total entrant dans la composition de la plante.
Pommes de terre........	75.000		0,45	337,50	
Topinambours... { tubercules	50.000		0,32	160 »	
{ feuilles ...	25.000		0,43	107,50	
Rutabagas, Panais......	25.000		0,18	45 »	
Carottes.... { racines ...	50.000		0,21	105 »	
{ feuilles ...	10.000		0,51	51 »	
Blé........ { grain.....		7.500	2,20	165 »	
{ paille.....		18.800	0,35	65,80	
Avoine..... { grain.....		50.000	2 »	1.000 »	
{ paille.....		80.000	0,42	336 »	
Luzerne............		112.000	1,92	537,60	
Sainfoin............		40.000	1,89	189 »	
Trèfle violet...........		40.000	0,55	55 »	
Pois et Vesce.....		30.000	1,65	123,75	
Moha de Hongrie.......		10.000	0,51	51 »	
Seigle fourrage.........	15.000		0,45	675 »	
Sarrazin.... { grain.....		2.700	3,90	26,30	
{ paille.....		5.250	0,13	1,70	
Orge .... { grain... .		2.925	1,80	52,65	
{ paille....		5.850	0,50	29,25	
Seigle ...... { grain.....		5.250	0,76	39,90	
{ paille.. ..		13.500	0,30	40.50	
Prairies naturelles......		150.000	1,30	1.950 »	
Total...............				6.769,45	

RÉCOLTES	RENDEMENT TOTAL		TENEUR P.-CENT d'Acide phosphorique DE LA PLANTE	ACIDE phosphorique total ENLEVÉ	OBSERVATIONS
	VERT	SEC			
Betteraves............	250.000		0,08	200 »	
Pommes de terre.......	75.000		0,18	135 »	
Topinambours.. { tubercules...	50.000		0,16	80 »	
Topinambours.. { feuilles.....	25.000		0,07	17,50	
Rutabagas, panais......	25.000		0,11	27,50	
Carottes.. { racines ...	50.000		0,1	50 »	
Carottes.. { feuilles ...	10.000		0,1	10 »	
Blé....... { grain.....		7.500	0,82	60,50	
Blé....... { paille.....		18.800	0,23	43,24	
Avoine.... { grain.....		50.000	0,55	275 »	
Avoine.... { paille.....		80.000	0,18	144 »	
Luzerne............		112.000	0,51	571,20	
Sainfoin............		40.000	0,47	188 »	
Trèfle violet...........		40.000	0,6	240 »	
Pois et vesce..		30.000	0,8	240 »	
Moha de Hongrie.... ..		10.000	0,3	30 »	
Seigle fourrage.........	15.000		0,24	36 »	
Sarrazin.. { grain.....		2.700	0,44	11,88	
Sarrazin.. { paille.....		5.250	0,11	5,78	
Orge...... { grain.....		2.925	0,72	21,06	
Orge...... { paille.....		5.850	0,19	11,10	
Seigle .... { grain.....		5.250	0,82	43,05	
Seigle .... { paille.....		13.500	0,19	25,75	
Prairies naturelles......		150.000	0,5	750 »	
TOTAL............				3.216,56	

D'après ces chiffres, nous devrons donc annuellement donner au sol :

6.769^k,45 d'azote.

3.216^k,50 d'acide phosphorique

Le fumier de ferme sera le principal agent de cette restitution. En outre des éléments fertilisants essentiels qu'il fournira au sol sous une forme très assimilable, il lui donnera encore une grande quantité de matières organiques, désignées sous le nom générique d'humus, qui sont indispensables à la végétation. A ce titre, il sera, en même temps qu'un engrais précieux, un amendement fort utile à notre sol.

Si, d'après les méthodes de *Thaër* et de *Roppe*, nous considérons le fumier produit comme égal au double de la quantité de fourrages et litières consommées exprimée en bon foin (1), nous arrivons à une production annuelle de 1.400 tonnes de fumier, ce qui ferait pour chaque tête de bétail (nous en aurons 110 en comptant les bêtes d'occasion) une production de 12.500 kilog., poids ordinaire.

Nous avons dit au chapitre de l'assolement que

12 hectares seraient fumés à 60.000 kilog.   720.000
8   —   30.000   —   240.000

Soit au total. 960.000

ou en nombre rond 1.000 tonnes.

---

(1) Nous exprimons la litière elle-même en bon foin, car une partie de la paille sera utilisée dans la culture maraîchère et remplacée par de la *tourbe mousseuse* qui absorbe beaucoup plus.

Les 400 tonnes qui resteront seront ainsi distribuées :

250 sur 5 hectares de prairies.

100 sur les cultures maraîchères.

50 sur 5 hectares de vignes.

Laisssons de côté ces deux dernières quantités et constatons que les 1.250 tonnes distribuées aux cultures et aux prairies contiennent :

En *azote*, à 5 °/oo   6.250 kilog.

En *acide phosphorique*, à 2,5 °/oo   3.125   —

Il faudra donc restituer en plus :

$6.769^k,45 — 6.250 = 519^k,45$ d'azote

$3.216^k,50 — 3.125 = 91^k,50$ d'acide phosphorique

quantités qui, évidemment, représentent l'azote et l'acide phosphorique assimilés par les animaux. La restitution se fera par des engrais chimiques. Les racines laissées dans le sol après la défriche des prairies en fourniront aussi une grande partie.

L'azote et l'acide phosphorique sont donnés au sol sous des formes plus ou moins assimilables, aussi dépasserons-nous les chiffres du déficit pour que les plantes puissent trouver les quantités nécessaires à leur nutrition. L'acide phosphorique surtout sera donné en plus grande quantité par des engrais phosphorés mélangés avec le fumier ou confiés directement au sol (1). Ce qui ne sera pas consommé par les

---

(1) Pour bien faire il faudrait même, d'après l'opinion reconnue juste aujourd'hui, donner une valeur d'acide phosphorique double de celle de l'azote restitué par les engrais. Nous ne ferons cela que petit à petit, d'autant plus que notre sol contient déjà une certaine quantité d'acide phosphorique.

plantes constituera une précieuse réserve et pourra être utilisé plus tard.

Nous donnerons par le nitrate de soude ou le sulfate d'ammoniaque 500 à 600 kilog. d'azote et par les phosphates, superphosphates ou scories de déphosphoration 2 à 3.000 kilog. d'acide phosphorique.

Ces superphosphates seront employés concuremment avec le nitrate de soude pour les plantes craignant la verse, notamment les céréales.

La *chaux* se trouve en quantité suffisante dans le sol. Quant à la *potasse*, le fumier avec un peu de chlorure de potassium, de sulfate de potasse ou de kaïnit, suffiront à entretenir cet élément dans nos terres.

En somme, le fumier est l'engrais auquel nous attachons la plus grande importance. Aussi apporterons-nous tous nos soins à sa fabrication d'autant plus qu'il exigera une certaine manutention puisqu'une partie sera produite en ville. Les fumiers provenant des diverses espèces animales seront mélangés autant que possible pour obtenir un produit bien homogène.

Une certaine quantité de phosphate de chaux sera ajoutée, nous l'avons dit. Les animaux séjourneront souvent sur la fumière pour la tasser. Enfin de temps à autre nous ferons arroser le tas avec du purin.

(Nous estimons que ce fumier reviendra à 10 fr. les 1.000 kilog. par suite de la main-d'œuvre et de l'addition des phosphates).

Outre ces engrais, nous aurons encore des curures de rivière, de fossés, des boues, etc. dont, avec de la chaux, ou avec de la tourbe et des phosphates, selon le cas, nous ferons des composts.

Les feuilles des quelques peupliers bordant la rivière seront ramassées et serviront aussi à faire ces composts si elles ne trouvent leur emploi dans la culture maraî-chère.

CHAPITRE V

COMPTABILITÉ

La comptabilité de la ferme sera, comme celle de l'entreprise de transports, tenue avec une rigoureuse exactitude.

Le fermier aura seulement un agenda, un livre de dépenses et recettes, un livre de travail et un livre de livraisons.

Chaque semaine, les opérations inscrites sur ces registres seront relevées et transmises au siège de l'entreprise où elles seront résumées sur un journal, un livre de caisse et un grand livre en parallèle avec les opérations effectuées en ville.

De cette façon, il sera très commode de se rendre compte des produits de chaque exploitation et d'en tirer parti de la manière la plus avantageuse.

Nous ne donnerons ici que les comptes de culture et les comptes d'animaux auxquels nous ajouterons un compte de frais généraux pour avoir un aperçu du produit de la ferme et pour connaître à peu près le capital qu'il nous faudra engager dans cette exploitation.

COMPTES DES CULTURES

BETTERAVES FOURRAGÈRES (5 hectares)

DÉBIT	fr.	c.	CRÉDIT	fr.	c.
Fermage........................	80	»	50.000 kilog. de racines à 12 fr. les 1.000 kilog.	600	»
Impôt à 10 %...................	8	»			
Fumier absorbé, 30 tonnes à 10 francs......	300	»	Total............	600	»
2 labours......................	50	»			
1 scarifiage...................	10	»	BALANCE		
Hersage, roulages..............	10	»			
Semence et frais...............	25	»	Total du crédit........	600	»
Binages et façons..............	40	»	Total du débit.........	575	12
Arrachage et transport.........	30	»			
Intérêt 4 % du capital engagé..........	22	12	Différence..........	24	88
Total............	575	12			

Bénéfice net par hectare, 24 fr. 88.
Soit, pour 5 hectares.......... 124 fr. 40

POMMES DE TERRE (3 hectares)

DÉBIT	fr.	c.	CRÉDIT	fr.	c.
Fermage	80	»	25.000 kilog. de pommes de terre à 3 fr. 10 les 100 kilog	775	»
Impôt 10 %	8	»			
Fumier absorbé, 30 tonnes à 10 fr	300	»	Total	775	»
1 labour d'automne	30	»			
1 labour de printemps	20	»			
Hersage et roulage	10	»	BALANCE		
2.500 kilog. de semence à 5 fr. les 100 kilog.	125	»			
Frais de plantation	10	»	Total du crédit	775	»
100 kilog. de scories de déphosphoration	6	50	Total du débit	693	42
100 kilog. de kaïnit	7	25			
Façons	40	»	Différence	81	58
Arrachage et transport	30	»			
Intérêt 4 % du capital engagé	26	67	Bénéfice net à l'hectare, 81 fr. 58.		
Total	693	42	Soit, pour 3 hectares............ 244 fr. 75		

TOPINAMBOURS (2 hectares)

DÉBIT	fr.	c.	CRÉDIT	fr	c.
Fermage	80	»	25.000 kilog. de tubercules à 25 fr. les 1.000 kilog	625	»
Impôts	8	»	12.500 kilog. tiges à 5 fr. les 1.000 kilog	62	50
Fumier, 30 tonnes à 10 fr	300	»			
2 labours	50	»	Total	687	50
Hersages, roulages	10	»			
1.000 kilog. de semence	30	»	BALANCE		
Frais de plantation	10	»			
100 kilog. de scories épandus	6	50	Total du crédit	687	50
100 kilog. Kaïnit	7	25	Total du débit	614	67
Façons	40	»			
Arrachage et transport	50	»	Différence	72	83
Intérêt 4 % du capital engagé	23	67			
Total	614	67	Bénéfice net par hectare, 72 fr. 83. Soit, pour 2 hectares... 145 fr. 65		

RUTABAGAS, PANAIS, NAVETS, etc. (1 hectare)

DÉBIT	fr.	c.	CRÉDIT	fr.	c.
Fermage	80	»	25.000 kilog. de racines à 20 francs les 1.000 kilog	500	»
Impôt	8	»			
Fumier, 20 tonnes à 10 francs	200	»	TOTAL	500	»
1 labour	25	»			
1 scarifiage	10	»			
Hersages et roulages	10	»	BALANCE		
Semence et frais de semence	15	»			
Façons	25	»	TOTAL du crédit	500	»
Arrachage et transport	30	»	TOTAL du débit	419	12
Intérêt à 4 °/₀ du capital engagé	16	12			
			DIFFÉRENCE	80	88
TOTAL	419	12			
			Bénéfice net................ 80 fr. 90		

CAROTTES (2 hectares)

DÉBIT	fr.	c.	CRÉDIT	fr.	c.
Fermage	80	»	25.000 kilog. de carottes à 20 fr. les 1.000 kilog	500	»
Impôt 10 %	8	»	5.000 feuilles à 5 fr. les 1.000 kilog	25	»
Fumier, 27 tonnes à 10 fr	270	»			
2 labours	50	»	Total	525	»
Hersages, roulages	10	»			
Semence et frais de semence	45	»	BALANCE		
Façons	35	»			
Arrachage et transports	30	»	Total du crédit	525	»
Intérêt 4 % du capital engagé	19	92	Total du débit	517	92
Total	517	92	Différence	7	08

Bénéfice net à l'hectare, 7 fr. 08.
Soit, pour 2 hectares............ 14 fr. 15

BLÉ (4 hectares)

DÉBIT	fr.	c.	CRÉDIT	fr.	c.
Fermage..............................	80	»	25 hectolitres à 16 francs................	400	»
Impôts 10 %.........................	8	»	4.700 kilog. paille à 40 francs les 1.000 kil..	188	»
Fumier, 15 tonnes à 10 francs............	150	»			
1 labour............................	25	»	Total...............	588	»
1 scarifiage.........................	10	»			
Hersages, roulages...................	15	»			
Semis frais de semence................	50	»	BALANCE		
50 kilog. nitrate de soude à 25 francs les					
100 kilog. épandus...................	12	50	Total du crédit........	588	»
150 kil. superphosphate à 9 fr. les 100 kil..	13	50	Total du débit	487	76
Façons et nettoyage..................	15	»			
Moisson	30	»			
Mise en moyettes, transport............	25	»	Différence..........	100	24
Battage et nettoyage..................	35	»			
Intérêt 4 % du capital engagé...........	18	76	Bénéfice net à l'hectare, 100 fr. 24.		
Total...............	487	76	Soit, pour 4 hectares......... 400 fr. 95		

AVOINE (20 hectares)

DÉBIT	fr.	c.	CRÉDIT	fr.	c.
Fermage..................................	80	»	50 hectolitres avoine à 8 fr...............	400	»
Impôt 10 %...............................	8	»	4.000 kilog. paille à 30 fr. les 1.000 kilog..	120	»
Fumier, 15 tonnes à 10 fr..............	150	»			
1 labour..................................	25	»	Total.....................	520	»
Hersages et roulages	15	»			
Semences et frais de semences	30	»	BALANCE		
50 kilog. nitrate de soude à 25 fr. les 100 kil.	12	50			
150 kilog. superphosphate à 9 fr. les 100 kil.	13	50	Total du crédit........	520	»
Moisson...................................	30	»	Total du débit........	440	95
Mise en moyettes et transports..........	25	»			
Battage et nettoyage.....................	35	»	Différence.........	79	05
Intérêts 4 % du capital engagé...........	16	95			
			Bénéfice net par hectare, 79 fr. 05.		
Total.....................	440	95	Soit, pour 20 hectares....... 1.581 fr. »		

Le rapport 0.625 qui existe entre le poids du grain et celui de la paille est à peu près le même que celui indiqué par M. Raquet dans son cours d'agriculture, page 167. — Il donne 0.685.

LUZERNE (16 hectares)

DÉBIT	fr.	c.	CRÉDIT	fr.	c.
Fermage.............................	80	»	7.000 kilog. à 60 fr. les 1.000 kilog........	420	»
Impôt 10 %.............................	8	»			
Fumier, 8 tonnes à 10 fr................	80	»	Total...................	420	»
20 kilog. semence et frais...............	50	»			
Façons.............................	30	»	**BALANCE**		
400 kilog. plâtre à 10 fr. les 1.000 kilog	4	»	Total du crédit........	420	»
200 kilog. superphosphate à 9 fr...........	18	»	Total du débit.........	348	40
Fauchage.............................	20	»			
Fanage et mise en moyettes...............	30	»	Total.............	71	60
Transport.............................	15	»			
Intérêts du capital engagé...............	13	40	Bénéfice net par hectare, 71 fr. 60		
Total...................	348	40	Soit, pour 16 hectares........ 1.145 fr. 60		

TRÈFLE VIOLET ET SAINFOIN (16 hectares)

DÉBIT	fr.	c.	CRÉDIT	fr.	c.
Fermage	80	»	5.000 kilog. de fourrage à 60 fr. les 1.000 kilog.	300	»
Impôt 10 %	8	»	Total	300	»
Fumier, 3 tonnes à 10 fr	30	»			
Semence et frais	35	»	BALANCE		
400 kilog. plâtre	4	»			
200 kilog. superphosphate à 9 fr	18	»	Total du crédit	300	»
Fauchage, fanage, transport	40	»	Total du débit	223	60
Intérêt 4 % du capital engagé	8	60			
Total	223	60	Différence	76	40

Bénéfice net à l'hectare, 76 fr. 40.
Soit, pour 16 hectares .... 1.222 fr. 40

VESCES ET POIS (4 hectares)

DÉBIT	fr.	c.	CRÉDIT	fr.	c.
Fermage	80	»	5.000 kilog. de fourrage sec à 60 fr. les 1.000 kilog	300	»
Impôt 10 %.........	8	»			
Fumier, 5 tonnes à 10 fr........	50	»	Total	300	»
Travail du sol............	25	»			
Semence, 2 hectol. à 25 fr.........	50	»	BALANCE		
Frais d'ensemencement........	5	»			
Fauchage, fanage, transport	30	»	Total du crédit........	300	»
Intérêt 4 % du capital engagé..........	9	92	Total du débit	257	92
Total	257	92	Différence	42	08

Bénéfice net à l'hectare, 42 fr. 08.
Soit, pour 4 hectares.......... 168 fr. 30

MOHA DE HONGRIE (2 hectares)

DÉBIT	fr.	c.	CRÉDIT	fr.	c.
Fermage	80	»	5.000 kilog. de fourrage sec à 60 fr. les 1.000 kilog.	300	»
Impôt 10 %	8	»			
Fumier, 5 tonnes à 10 fr.	50	»	Total	300	»
Travail du sol	25	»			
Semence et frais d'ensemencement	25	»	BALANCE		
200 kilog. scories de déphosphoration à 6 fr. 50 les 100 kilog.	13	»	Total du crédit	300	»
Fauchage, frais de transport, etc.	30	»	Total du débit	240	24
Intérêt 4 % du capital engagé	9	24	Différence	59	76
Total	240	24			

Bénéfice net à l'hectare, 59 fr. 76.
Soit pour 2 hectares.......... 119 fr. 50

SEIGLE FOURRAGE (1 hectare)

DÉBIT	fr.	c.	CRÉDIT	fr.	c.
Fermage	40	»	15.000 kilog. de seigle vert à 12 fr. les 1.000 kilog	180	»
Impôt 10 %	4	»			
Fumier, 5 tonnes à 10 fr.	50	»	Total	180	»
Labour, hersages, roulages	35	»			
Semence et frais d'ensemencement	35	»	BALANCE		
Intérêt 4 % du capital engagé	6	56	Total du crédit	180	»
Total	170	56	Total du débit	170	56
			Différence	9	44
			Bénéfice net .... 9 fr. 45		

Nous ne comptons que la moitié du prix de location parce que, après la récolte du seigle, nous pouvons encore faire une culture dérobée.

SARRAZIN (1 hectare 1/2)

DÉBIT	fr.	c.	CRÉDIT	fr.	c.
Fermage	80	»	30 hectol. de grain à 12 fr.	360	»
Impôt 10 %	8	»	1.800 kilog. paille	20	»
Fumier, 10 tonnes à 10 fr.	100	»			
1 labour	25	»	TOTAL	380	»
Hersages et roulages	10	»			
Semence et frais d'ensemencement	15	»	BALANCE		
Moisson	25	»	TOTAL du crédit	380	»
Bottelage et transport	25	»	TOTAL du débit	325	52
Battage	25	»			
Intérêt 4 % du capital engagé	12	52	DIFFÉRENCE	54	48
TOTAL	325	52			

Bénélice net à l'hectare, 54 fr. 48.

Soit, pour 1 hectare 1/2 . . . . 81 fr. 70

C'est par erreur que nous avons compté 3.500 kilog. de paille dans le tableau des rendements. Comme cette paille a très peu de valeur, elle n'influe que peu sur le rendement total en bon foin. La réserve faite permet de négliger ce déficit.

ORGE (1 hectare 1/2)

CRÉDIT	fr.	c.	DÉBIT	fr.	c.
Fermage	80	»	30 hectol. grain à 12 fr	360	»
Impôt 10 %	8	»	3.900 kilog. paille à 20 fr. les 1.000 kilog	78	»
Fumier, 10 tonnes à 10 fr	100	»			
Labour	25	»	TOTAL	438	»
Hersages, roulages	10	»			
50 kilog. nitrate de soude à 25 fr. les 100 kilog.	12	50	BALANCE		
150 kilog. superphosphate à 9 fr. les 100 kilog.	13	50			
Semence et frais d'ensemencement	40	»	TOTAL du crédit	438	»
Moisson	20	»	TOTAL du débit	368	16
Transport	15	»			
Battage et nettoyage	30	»	DIFFÉRENCE	69	84
Intérêt à 4 % du capital engagé	14	16			
TOTAL	368	16			

Bénéfice net par hectare, 69 fr. 84.
Soit, pour 1 hectare 1/2........ 104 fr. 75

SEIGLE (3 hectares)

DÉBIT	fr.	c.	CRÉDIT	fr.	c.
Fermage	80	»	25 hectol. de seigle à 13 francs	325	»
Impôt 10 %	8	»	4.500 kilog. paille à 50 francs les 1.000 kilog.	225	»
Fumier, 15 tonnes à 10 francs	150	»			
50 kilog. nitrate de soude à 25 fr. les 100 kilog.	12	50	Total	550	»
150 kilog. superphosphate à 9 fr. les 100 kilog.	13	50			
1 labour	25	»			
Hersages, roulages	10	»	BALANCE		
Semence et frais d'ensemencement	35	»	Total du crédit	550	»
Moisson	30	»	Total du débit	435	76
Transport	15	»			
Battage et nettoyage	40	»	Différence	114	24
Intérêt 4 % du capital engagé	16	76			
Total	435	76	Bénéfice net à l'hectare, 114 fr. 25.		
			Soit, pour 3 hectares .... 342 fr. 75		

PRAIRIES NATURELLES (30 hectares)

DÉBIT	fr.	c.	CRÉDIT	fr.	c.
Fermage............................	80	»	5.000 kilog. de foin sec à 60 fr. les 1.000 kilog.	300	»
Impôt 10 %.........................	8	»	TOTAL................	300	»
Fumier, 8 tonnes 1/2 à 10 francs.........	85	»			
Hersage et soins....................	10	»	BALANCE		
Fauchage, fanage....................	20	»			
Transport..........................	10	»	TOTAL du crédit........	300	»
Intérêt 4 % du capital engagé...........	8	52	TOTAL du débit.........	221	52
TOTAL..............	221	52	DIFFÉRENCE..........	78	48

Bénéfice net à l'hectare, 78 fr. 48.
Soit, pour 30 hectares....... 2.354 fr. 40

COMPTES DES ANIMAUX

ÉCURIE

Nous ne pouvons donner ici un Compte d'écurie. Le travail des chevaux étant réparti entre les deux exploitations, il nous faudrait entrer dans trop de détails impossibles à prévoir.

En admettant que le compte d'écurie soit balancé, ce qui arrive le plus souvent dans une ferme, nous serons certainement au-dessous de la vérité.

VACHERIE

DÉBIT	fr.	c.
Nourriture de 40 vaches à 1 fr. en moyenne par jour	14.600	»
Nourriture de 2 taureaux à 1 fr. par jour	730	»
— 10 génisses à 0 fr. 60 —	2.190	»
— 10 génisses à 0 fr. 50 —	1.825	»
— 10 veaux à 0 fr. 40 —	1.460	»
Litière, 250 kilog. par jour, soit pour 365 jours, 91.250 kil., à 40 fr. les 1.000 kil.	3.650	»
Intérêt de la valeur des animaux	1.000	»
Vétérinaire et médicaments	100	»
Entretien du matériel	150	»
Gages de la vachère	350	»
Gages de son aide	350	»
Nourriture de la vachère et de son aide	800	»
Part des gages et de la nourriture de l'homme de cour et des aides	500	»
Frais divers et accidents	500	»
Total	28.205	»

CRÉDIT	fr.	c.
58.400 litres de lait vendus 0 fr. 25	14.600	»
3.650 — — 0 fr. 15	547	50
2.190 kilog. de beurre à 3 fr. le kilog	6.570	»
Vente de 5 vaches grasses à 400 fr.	2.000	»
— 3 génisses de 3 ans à 300 fr.	900	»
— 2 génisses de 2 ans à 200 fr.	400	»
— 17 veaux à 60 fr.	1.020	»
12.500 kilog. de fumier par tête, soit, pour 60 têtes, 750.000 kil., à 8 fr. les 1.000 kil.	6.000	»
Total	32.037	50

BALANCE

	fr.	c.
Total du crédit	32.037	50
Total du débit	28.205	»
Différence	3.832	50

Bénéfice net.............. 3.832 fr. 50

BERGERIE

DÉBIT	fr.	c.	CRÉDIT	fr.	c.
Achat de 150 bêtes maigres à 25 fr.........	3.750	»	Vente de 150 moutons à 40 fr............	6.000	»
Intérêt du prix d'achat, 4 °/₀ pendant 6 mois.	75	»	375 kilog. de laine à 1 fr. 40.............	525	»
Nourriture et litière.....................	2.250	»	Valeur de 75.000 kilog. de fumier à 8 fr. les 1.000 kilog........................	600	»
Entretien du matériel....................	25	»			
Médicaments et frais divers..............	50	»	TOTAL...................	7.125	»
Frais de tondage.......................	45	»			
Partie des gages du berger et de sa nourriture.	500	»	BALANCE		
			TOTAL du crédit........	7.125	»
TOTAL...................	6.695	»	TOTAL du débit........	6.695	»
			DIFFÉRENCE	430	»
			Bénéfice net .... 430 fr.		

PORCHERIE

DÉBIT	fr	c.	CRÉDIT	fr.	c.
Nourriture de 6 truies, à raison de 0 fr. 35 par jour	766	50	Vente de 10 porcs gras à 100 fr	1.000	»
Nourriture de 1 verrat, à 0 fr. 35	127	75	Vente de 50 porcelets à 20 fr	1.000	»
Nourriture de 5 porcs à l'engrais	550	»	100.000 kilog. de fumier à 8 fr. les 100 kilog.	800	»
Litière, 8.000 kilog. à 40 fr. les 1.000 kilog.	320	»			
Nourriture de 50 porcelets, à 0 fr. 20 pendant 1 mois	300	»	Total	2.800	»
Entretien du matériel	25	»	**BALANCE**		
Intérêt de la valeur des animaux	75	»	Total du crédit	2.800	»
Frais divers	200	»	Total du débit	2 364	25
Total	2.364	25	Différence	435	75
			Bénéfice net 435 fr. 75		

BASSE-COUR

DÉBIT	fr.	c.	CRÉDIT	fr.	c.
Nourriture....................	800	»	6.000 œufs à 0ᶠ75 la douzaine.............	375	»
Soins et Divers..............	200	»	150 poulets à 2 fr.................	300	»
			100 dindons à 6 fr.	600	»
Total..............	1.000	»	Total...............	1.275	»

BALANCE

	fr.	c.
Total du crédit........	1.275	»
Total du débit.........	1.000	»
Différence.........	275	»

Bénéfice net..................... 275 fr.

RÉSULTATS FINANCIERS

Obtenus par les spéculations de la Ferme de la Fabrique

COMPTES DE CULTURES

Betteraves	124,40
Pommes de terre	244,75
Topinambours	145,65
Rutabagas, Panais, Navets, etc	80,90
Carottes	14,45
Blé	400,95
Avoine	1.581 »
Luzerne	1.145,60
Trèfle et Sainfoin	1.222,40
Vesce et Pois	168,30
Moha de Hongrie	119,50
Seigle fourrage	9,45
Sarrazin	81,70
Orge	104,75
Seigle	342,75
Prairies naturelles	2.354,40
TOTAL	8.140,65

COMPTES DES ANIMAUX

Vacherie	3.832,50
Bergerie	430 »
Porcherie	435,75
Basse-Cour	275 »
TOTAL	4.973,25
TOTAL GÉNÉRAL	13.113,90

Nous arrivons donc à un bénéfice total de 13.113 fr. 90 pour ces 114 hectares.

Si, de ce chiffre, nous retranchons une somme de 5.000 francs pour frais de ménage, d'assurances et autres, il nous restera 8,113 fr. 90. C'est ce que nous pouvons obtenir dans les bonnes années. Cette différence représente un bénéfice de 71 fr. 15 à l'hectare.

D'après les expériences sérieuses qui ont été faites dans les conditions dont nous avons parlé, nous pouvons dire qu'un capital d'exploitation de 700 fr. par hectare peut suffire pour atteindre ce résultat. Nous destinerons donc à l'exploitation de la ferme de la Fabrique un capital de 80.000 francs.

APPENDICE

Pour être complet, il nous faudrait parler aussi des six hectares que nous avons destinés à la *culture maraichère* et des cinq hectares que nous voulons planter en *vignes*.

Mais l'expérience et les renseignements nous manquent á ce sujet. Nous allons donc forcément laisser ici une lacune. Peut-être, un jour, nous sera-t-il permis de la combler et de rendre compte des résultats obtenus.

Nous dirons seulement que, des six hectares destinés à la culture maraîchére, un hectare sera réservé à nos expériences et á la culture de plantes dont nous voudrons obtenir les graines, soit pour les propager dans nos cultures, soit pour les vendre aux commerçants.

L'ingénieux appareil du très cher Frére Paulin, le *géomagnélifère,* aura là une place tout indiquée et nous pourrons suivre des expériences qui nous ont fort intéressé.

Les cinq autres hectares seront d'abord cultivés et fortement engraissés pendant plusieurs années. aprés quoi, nous établirons le jardin. Ces terres seront choisies à proximité de la rivière et de la ferme, pour faciliter l'arrosage et la surveillance du maître.

Un jardinier, un aide et plusieurs apprentis veilleront à l'entretien de ce potager et y travailleront constamment. Mais, comme il faut pour ce genre de culture un nombreux personnel, nous pourrons toujours fournir de l'occupation aux journaliers et aux petits vignerons voisins de la ferme, qui s'attacheront ainsi à notre exploitation et seront toujours prêts à nous donner leur travail.

Tout en laissant une certaine initiative au maître jardinier, nous ne lui permettrons de cultiver que les légumes de meilleure vente sur le marché de Blois.

Nous nous souviendrons à propos des excellentes leçons reçues à Beauvais, pour la création d'une aspergerie et celle d'une cynéraie, et nous les appliquerons aussi bien que possible dans notre potager.

Nous veillerons aussi à ce que, dans la culture des légumes, un assolement rationnel soit établi et suivi avec exactitude.

Nous espérons, grâce aux excellentes leçons de M. Delaville, arriver en quelques années à faire aussi bien que les maraîchers de Blois et à réaliser des bénéfices au moins égaux à ceux qu'ils obtiennent.

Quant à *la vigne*, il serait téméraire à moi de vouloir esquisser un essai sur sa culture; cependant, comme elle est fort en honneur dans notre pays et certes avec raison, puisqu'elle est encore une source d'assez beaux bénéfices, je ne puis m'empêcher d'y porter un grand intérêt. Les conférences faites cette année à l'Institut de Beauvais, n'ont fait que me confirmer dans le désir d'étudier plus à fond cette branche de la science agricole.

Nous nous proposons donc de suivre sérieusement les leçons excellentes et les belles expériences que fait depuis déjà nombre d'années M. Trouard-Riolle dans le département de Loir-et-Cher.

Nous espérons aussi profiter des conseils pratiques et éclairés que donnent avec bienveillance des viticulteurs distingués comme M. Bidault, de Mer, M. Mangon, propriétaire à Cheverny, M. Riverain, Président du Syndicat agricole, et autres, qui ont placé le Loir-et-Cher à un rang très honorable parmi les départements viticoles.

Enfin nous étudierons les rapports, mémoires et écrits laissés par l'un des fondateurs et membre des plus actifs de la Société des Agriculteurs de France, M. le Marquis de Vibraye, qui a puissamment contribué à la prospérité agricole de la region.

Puis nous nous mettrons à l'œuvre et nous essayerons de suivre aussi bien que possible les exemples de ces maîtres éminents.

Nous allons toutefois donner ici une note indiquant d'une manière approximative ce que coûte la plantation d'une vigne française dans le Blésois.

Note sur les frais de plantation et de culture des vignes dans le Blésois

1° Frais de plantation à l'hectare

Terrassements pour l'ouverture de rigoles remplaçant le défonçage du sol.. 1.000 fr.

Acquisition de bourrées de genêts, bruyères et pins pour remplir les rigoles afin de créer un drainage immédiatement et de l'humus par la suite...................... 500 »

Labourage et hersage du terrain...................... 50 »

Acquisition de 10.000 plants à 5 fr. le mille.............. 50 »

Frais de plantation.................................... 100 »

Acquisition de pieux, fil de fer et pose.................. 400 »

Frais de culture de la 1re année à la charrue............. 35 »

     —   à bras.................. 20 »

Frais de culture de la seconde année :

    4 façons à la charrue et 2 hersages.............. 65 »

    3 binages.. 30 »

Frais de culture de la 3e année et en plus la taille et l'accolage des jeunes plants............................ 120 »

Remplacement des plants qui n'ont pas pris la 1re et la 2e année.. 35 »

Fermage du terrain pendant 3 années à raison de 60 fr. par an.. 180 »

Total des frais pendant la période improductive.... 2.575 fr.

En calculant l'intérêt des sommes déboursées à raison de 4 0/0 par an et l'amortissement dans une période de 15 ans on trouve comme charges à appliquer annuellement dans la période de production : intérêts 103 fr. ; amortissement du capital 170 fr.

2° Frais de culture et autres, par année et par hectare

Surveillance du vignoble.......................................	20 fr.
Taille..	30 »
Engrais et sulfatage...	150 »
4 façons à la charrue à 12 fr. 50............................	50 »
3 hersages...	20 »
3 façons à bras, à 10 fr. l'une..............................	30 »
Ebourgeonnage et accolage....................................	60 »
Provignage et travaux divers.................................	20 »
Entretien des échalas et fil de fer..........................	10 »
— de la futaille et des pressoirs............................	20 »
— des instruments de culture.................................	17 »
Frais de vendange calculés sur 20 pièces.....................	100 »
Intérêts des frais de plantation.............................	103 »
Amortissement du capital.....................................	170 »
Fermage annuel...	100 »
Ensemble...	900 fr.

RÉSUMÉ

Les frais ci-dessus peuvent être couverts par la récolte, la 4e et la 5e année, en calculant sur une production de 15 pièces à l'hectare. Mais, à partir de la sixième année, la récolte atteignant de 20 à 50 pièces à l'hectare, il en résulte que le produit net sera l'excédant de 15 pièces multiplié par le prix de vente moyen 60 fr., soit pour un excédant de 5 pièces 300 fr. (minimum).

En terminant ce travail. permettez-moi, chers Parents, de vous le présenter comme un hommage de filiale affection et de profonde reconnaissance. Arrivé aujourd'hui à la fin de mes études et sur le point d'entrer dans la vie sérieuse, je prie Dieu de faire germer, en vos nombreux enfants, la semence des bons principes et des exemples vertueux que vous leur avez donnés et de vous faire récolter en eux une abondante moisson de joies et de bénédictions.

Permettez-moi aussi de témoigner mon respect et ma gratitude aux maîtres à qui vous m'avez confié et qui m'ont prodigué, avec un dévouement sans bornes. les bienfaits d'une éducation chrétienne et d'une solide instruction.

Eux aussi n'auront pas semé dans une terre ingrate, et, toujours, mon cœur leur gardera une affectueuse reconnaissance.

Beauvais, 10 Juillet 1894.

TABLE DES MATIÈRES

Blois, typ. et lith. C. Migault et Cᵉ, rue Pierre-de-Blois, 14.

www.ingramcontent.com/pod-product-compliance
Lightning Source LLC
LaVergne TN
LVHW021733170726
843503LV00004B/1547